椋代讓示
Mukudai Jyoji

未来を拓く
ケイ素革命

食糧からエネルギーまで

toExcel
San Jose New York Lincoln Shanghai

未来を拓くケイ素革命

食糧からエネルギーまで

本書を恩師、故立木健吉博士並びに
この科学の開発にたずさわった諸先生方に捧ぐ

はじめに

「何とか中国の土を救ってほしい」

天津市科学院のトップの方が、私にそう懇願された。それは、つい先日、平成9年10月半ば、中国政府に正式に招聘されて中国に行った時のことである。

農業国中国は、今、全土で連作障害が起こっているという。必要に迫られた連作に、農薬と化学肥料が多用され土が弱り、一反当たりの作物の収穫量が落ちて、深刻な問題になっている。

テレビの普及で情報がいきわたり、中国の国民は農薬や化学肥料のマイナス面に気づき始め、政府に「安全な食料を供給してほしい」と要求しているという。

科学院は政府から「連作障害を防ぐ解決策を捜せ」と命じられているのだという。

連作障害を防止するものは、世界中でもほとんどみつかっていないのが実情である。

天津の土壌肥料研究所の研究員二人が、私の提唱する「ムクダイ農法」（独自に開発された活性ケイ素を本体とする土壌活性剤を使う）を実践している広島県下の農村で、二年間この新しい農業技術を学んだことがあった。

その時の実習体験をまとめたレポートに、中国政府が注目し、今回の招聘となったのだ。

二年間で実証済みだから、すぐ「ムクダイ農法」を取り入れたいという中国側と意向書を取り交わして、私は帰国した。

中国の農業政策を指導する責任者の言葉は、彼らの決意と危機感の現われであったのだ。

しかし、これは何も中国に限った問題ではない。日本を始め世界中で連作障害の問題で困っているのである。

もし、中国の農業が破綻すれば、日本は言うに及ばず、世界中の食料供給に壊滅的な影響を与えることは必至である。

それほど世界の農業は、土の疲弊による連作障害で、大変な状況にあるといえる。

農業だけではない。すべての私たちを取り巻く環境が、深刻さを増している。

世紀末は近いとか、人類は滅亡するとか、よく聞くが、世紀末は決して自然的偶然的にくるものではなく、私たちの生きていく歩みによってくる。言い換えれば生きる歩み方によって来世は天国にもなり、地獄にもなる。

〝衣食足りて礼節を知る〟という。「食が危ない」といわれる今、人類は「食」で自滅するかもしれないと考える人が多くなった。

多くの日本人は、本当の実態は知らされず、危険だと思いながらも日々を過ごしている。

だからこそ、日常生活に不可欠な食料について、今生産者も消費者も真剣に考える時なのである。真実を知らなければならず、また、はっきりとした解決策をもってその危険性を叫ばないと、ただの念仏にすぎなくなる。

毎日の仕事として化学を研究している私は、それまであまり真剣に「食」とか「農」を考える機会がなかったが、研究結果を世に出し、環境問題や農業問題に接するようになって、次第に実態を知り唖然とした。と同時に、毎年新薬が次々と開発されているにもかかわらず、病人が増えている事実を目のあたりにしていると、このままでは日本はダメになってしまうという危惧さえ頭をよぎる。

過去、私たちは、先祖が二千数百年を費やして築き上げた日本の国を戦争で破壊し、国民を苦しみのどん底に陥れた。その原因はいろいろ考えられるが、私たち自身が自ら招いたものといわざるをえない。

人類が社会的に存在するかぎり、大自然の中で国内外を問わず共存共栄の原理を尊重し続け、実践しなければならない。

ところが、国際的不公平とか、不幸の育つ温床が国際社会につくられているなどという理由で、国を思う「誠」という大義名分で戦争がおこなわれ、その結果敗戦し、日本人は幸福を失った。

はたして当時の「誠」は、「真の誠」だったのだろうか。「我が誠」、つまり自分本位の誠ではなかったのだろうか。「誠」と「真の誠」の違いが大きな原因ではなかったのではないかと思うのである。

戦争という大きな経験をした日本は、大変な努力により戦後復興を成し遂げ、経済的に発展・飛躍した。ところが精神的な進歩が伴わないまま現在に至り、自分本位の傾向が顕著になりはじめ、自分さえよければ他人はどうでもよいといった世相にすり変わってしまった。

人間だけでなく地球の生きとし生けるものを軽視し、自分たちの都合で殺りくを繰り返す自分本位の生き方が、顕在化していると思うのである。

今こそこれを改めないと、日本の繁栄も個人の幸福も、将来は絶望的だと痛感せざるをえない。

国を、地球を救うには、誰もがもつ宇宙の根元の真の心を思い直し、行動しなければ問題解決はできない。

現在の「食と農」について現実に起きていることを直視し、我々がいかにこれから対処していけばよいか、私なりに考えてみたのがこの本を書いた動機である。

私は著述家でも評論家でもないが、一科学者としての私の理念に賛同し、出版をしてくださった株式会社たちばな出版の皆さんに、ここで深く感謝したい。

目次

装丁　川上成夫

序章

時代は炭素からケイ素へ

「上を見ずに下を見よ」

「上を見ずに下を見よ」とは、恩師である、故立木健吉博士が、ことあるごとに私に忠告された言葉である。

「アメリカやロシアが月や火星探索に膨大な国家予算をかけている宇宙戦略は、実は非常にムダなことである。月に行っても、どれほど人類の、みんなの役に立つのか。

それよりも、上を見ないで下を見よ。宇宙よりもこの地球の土壌に目を向けよ」

先生は熱意を込めて繰り返し言われた。

「土の中には宝物がいっぱいあるのだ。地球の大地は、恵みであふれている。何の変哲もない岩石と土砂の中から、石炭や石油ができ、金や銀ができ、ダイヤモンドなどの宝石ができた。さまざまな化学がそこから生まれ、育まれた。まだまだ、土の中には未開発の、未知の、人々を幸せにしてくれる無限の可能性があるのだ」

「すべては、土の中の化学工場で生産されている。上ばっかりを見ていたって、しょうがない。自分たちが立っている大地の中をもっと注意深く見てほしい。よく実態を研究して、人々を幸せにする可能性を見つけ出してほしい」

序章

時代は炭素からケイ素へ

立木先生はそう言われて私を励ましてくれた。

大地の恵み。その真の意味を私が悟ることができたのは、ずっと後のことだった。

エネルギー危機、資源不足という大きな問題がある。

電気というエネルギーを考えてみよう。水力発電、石炭、石油ときて、現代はまさに原子力発電の最盛期である。

水、石炭、石油、原子力。これらはみなもとの元素が違い、化学の新しい元素の登用によって、人々に必要な新しいエネルギーが開発され、供給されてきたのだ。

そのもととなる元素は、すべて地球を構成している物質である。

大地は、私たち生きとし生けるものすべてに、元素という恵みを与えてくれたのだ。元素――。水、石炭、石油、原子力はそれぞれみな全く違う物質であっても、自然の中に存在しているものである。

今までの時代は、炭素に頼った資源の時代、炭素系化学を中心としたエネルギー時代であった。

ところが、私たち人類はあまりに炭素を使い過ぎ、依存し過ぎたために、炭素化学そのものが、行き着くところまでいってしまったという感がある。

私自身、化学者として長年にわたって自然科学の研究に携わり、人々を取り巻くエネルギー問題、環境問題を考え続けてきたが、そろそろ炭素に代わりうる新しい元素、新しい技術が不可欠であり、切実に求められていると痛感している。

地球を構成する元素の存在比は、一位が酸素（O）で、次にケイ素（Si）。そして、マグネシウム（Mg）、鉄（Fe）と続く。

私の師、立木博士は、40年前にケイ素に着目されていた。

ケイ素は地球において、酸素に次いで二番目に多い元素。土砂、岩石など大地にそれこそ無尽蔵に蓄えられたケイ素こそが、新しい時代、新しい技術をもたらし、人々を幸せにしてくれる革命児ではないだろうか。

これまで、ケイ素化学を本格的に研究してきた国は、世界を見渡してもほとんどなく、すべて炭素化学で十分間に合ってきたため、研究開発は皆無に近い状態であるといってよいだろう。

ところが近年、世界はようやくケイ素へ熱い視線を向け始めた。

例えば、わが国では、平成2年、通産省が『有機シリコン開発』という、産官学共同の開発プロジェクトをスタートさせた。

これまでの炭素を主体としたプラスチックなど石油化学物質に対して、その炭素部分をケイ素（シリコン）に組み替えて、強度性、耐熱性、光反応などをさらに高める素材をつくりだそうという、ビッグプロジェクトであった。

十年間で総予算百六十億円、西暦二〇〇〇年での実用化を目指して、国が自ら動き出したのであった。

世論も動いている。

安全、健康という最も関心があるテーマに、人々が危機感を覚え始めたからだ。

いつも安全に過ごしたい、いつまでも健康でありたいという人々の思いに、環境問題が結びつき、身近な衣食住というテーマがクローズアップされてきた。なかでも食の問題は、直接的にイメージとして健康に結びつく。

人々は自らの問題として、「食」を環境の問題として考え始めている。

これはいいことであり、歓迎すべき人心の変化である。

今ならまだ間に合う。未来は明るいのだ。

ではなぜ、明るいのか。

どんな根拠があるのかと、あなたは問うだろう。

私も化学者の端くれ。理想や夢ではもちろん未来を語ることは許されない。

根拠は、今まで研究しつくされた元素（炭素）でなく、それ以外の元素、つまりこれまでほとんど利用されてこなかった元素が、資源的、環境的に人類を支え続けてきた炭素化学にとって代わり、さらに素晴らしい技術革新が行われれば、すべていいのである。

その可能性を秘めたものとして、ケイ素がある。

ただ、すぐにケイ素の研究、開発を押し進めようとしても、無理があるだろう。基礎化学がなければ、ものは開発することができない。通産省の有機シリコン開発プロジェクトも、まだあと三年の猶予がある。

何十年、場合によっては何百年と時間をかけ、費用をかけて、データを一つ一つつくりあげてゆくのが、基礎化学。膨大な尽力を、基礎化学は必要とするのだ。

もちろん、現代でも、ケイ素製品は、局所的な分野で一部活躍している。

ハイテク産業界では、半導体などに重宝され、ICやLSI、トランジスターの基板などに使われている。また身近な生活面では、陶磁器やガラス、セラミックスなどにも実はケイ素は使われている。

他にも、具体例を挙げれば、例えばT社が開発した〝燃えないカーテン〟。炭素部分をケイ素に代えて、見た目は同じカーテンでも、材質的に燃えない地震災害用カーテンを商品化したのである。元素を代えれば、品物の性質も当然変わる。

化学とは呼べないまでも、もっと卑近な例を挙げれば、〝通勤快足〟がある。一時期流行ったこの男性用靴下は、ケイ素を使った〝スグレもの〟だった。繊維の中に、ケイ素系のゼオライトという物質を微粒子化して織り込んだ、ただそれだけのものなのだが、活性炭と同じような働きをするため、匂いを若干とるという特長があったわけである。

ケイ素は、地中に無尽蔵にある。

大地の恵みは無尽蔵である。

酸素に次いで、地球に多くある元素を使えば、どんな環境問題、資源問題にも払底しないという長所がある。地球上で一番多い物質ともいえるだろう。しかもすべての有機化学にとって代わることができるのだ。

ケイ素は、炭素とはいわば兄弟のような関係であり、同じ親から生まれ、性格の違う兄弟と例えられるだろう。

炭素が非常におとなしい、親のいうことをよく聞く素直な子供なら、ケイ素は手のかかるわんぱく坊主だ。

「勉強しなさいよ」と親にいわれると、「はい」と素直に答えて一生懸命勉強するのが、いい子型の炭素。

かたやケイ素は、親や先生に「勉強しなさいね」といわれても、表面は「ああ、わかったよ。するよ」と答えながら、部屋にこもってこっそり窓から抜け出し、遊びにいってしまうやんちゃな坊主である。

この違いを化学の世界に置き換えていえば、ケイ素は、つまり安定性が問題だということになる。

今まで炭素がもてはやされ、ケイ素が敬遠されてきた理由が、これだ。

研究する学者、開発する研究者たちは、安定性のないものはなるべく扱いたがらないのが人情。親や先生のいうことを聞かない子供が、大人にとって扱いにくいのと同

序章

時代は炭素からケイ素へ

じだ。

化学は、〝こっちのものをつかまえて、そっちのものとつき合わせ〟たり、〝そっちの一部を持ってきて、こっちに混ぜ合わせ〟たりする。安定性がなく、つかまえにくく、すぐ逃げてしまうような元素は、時間ばかりかかって大変なのだ。

だからこそ、使いやすい、扱いやすい炭素に化学者の眼は集中し、数え切れない製品を開発してきたのだ。

しかし、使い過ぎてしまったのである。あまりに研究しつくされたために、もはや行き着くところまで、進むことができる限界点まで、達してしまった感がある。

可能性に、もはや未知数がないのだ。

そこで、ケイ素である。

土砂、岩石の主成分であるケイ素は、無限の可能性を秘めた超元素。

原子量二八・〇八六、元素記号Si、原子番号一四のこの元素こそが、必ずや二十一世紀に革命を起こす担い手となると、私は信じて疑わない。

ケイ素化学と私の出会いは、昭和三十四年。当時学生であった私は、その後の恩師となる立木健吉先生と運命的な出会いをし、ケイ素、水素を主体としたエネルギー開発の研究に、幸運にも参加することができた。炭素に代わる二十一世紀の主力元素として、ケイ素を研究開発し続け、活性ケイ素なるものを発明。

師亡き後は、私一人が研究を引き継ぎ、まだ時代がケイ素に注目するほど化学面で熟していない時にもかかわらず、独自に開発を進めてきた。私が代表を務める自然科学研究所では、現在さまざまな分野で製品化を進めている。

昭和六十一年には、ケイ素と水素の実験プラントが完成。翌六十二年には、活性ケイ素を利用した土壌活性剤の「ムクダイ」をはじめとして、病虫害防止剤、発酵促進剤を製品化した。

現在は抗菌剤、脱臭剤なども開発、製品化して、活性ケイ素の用途領域は格段に広がってきている。

農業に、畜産に、医療に、環境に、分野を問わず活性ケイ素は驚異的な勢いで席巻しつつある。

そのほんの一例を、おって紹介するとしよう。

序章

時代は炭素からケイ素へ

「君、神に一番近いものとは、いったいなんだと思う?」

立木先生に、ある時に不意に質問されたことがあった。

「一言で神といっても、影も形もないし、見た人間もいない。誰もわからないものだが、神に近いものなら、我々にもわかるんだよ」

研究疲れの先生の顔に、漲るように熱を帯びた眼光が現れるのは、いつもこんな時だ。

神に一番近いもの? なんだろう……。いくら考えても、私にはわからない。すると先生は笑いながら、はっきりとこういわれた。

「それは君、自然だよ。自然は神そのものではないが、我々が一番肌身で感じることができる、一番身近なものなんだ。だから、自然を神と思って研究に精進していれば、まず大きく方向性を間違うことはないよ」

実は私は、活性ケイ素を神の化学だと信じている。

神の化学としか、いいようがないのである。

活性ケイ素は、四塩化ケイ素に塩化水素を反応させて入れ、混ぜ合わせ、つくる。

しかし、これは絶対不可能であり、証明できないことなのだ。

液体の四塩化ケイ素の中に、塩化水素というガスを入れる。反応させて、混ぜる。これは実は化学の常識では考えられないことで、理論上はできないこととなっている。化学式を出しても、誰も認めようとはしない。

そういう私自身、実際に活性ケイ素をつくっているこの私でさえ、プラント中は〝おかしいな、こんなものができるわけがないのになあ。塩化水素と四塩化ケイ素が混ざるわけがないいんだがなあ〟と、心中思いながらつくっているぐらい。穏やかではない。

まこと、奇妙な話である。

化学式でみれば、ケイ素には手が四本ある。

私たちは活性ケイ素をつくる目的で、この手に水素をつかまえさせなくてはならない。そのために塩化水素を反応させるのだが、絶対に今の化学ではケイ素と塩化水素は反応しないというのが、今の化学の理論である。

だからもう、初めから常識はずれとしかいいようがない。

最初の一歩から非常識ともいえることをしているため、次元が違うのである。もとから次元を越えたものなら、そこからでき上がってくる活性ケイ素も、およそ私たちの想像を絶する超化学物質だと、予見できないだろうか。

例えば、匂いを出さずにものを腐らせることなどは、活性ケイ素ならお手のものだ。ゴミ問題で、埋立地はあと数年かで満杯になると騒がれているが、ゴミに活性ケイ素をふりかけ、粉砕すれば、腐っても悪臭はでない。粉砕したものを乾燥させれば容量は最初の十分の一に圧縮できる。埋立地は十年、永らえられる。

農業分野での活性ケイ素の使用は、最も顕著な成果を上げており、今後の大発展も大いに期待できる分野である。

土壌活性剤ムクダイを使って行う農法は、慣行農法と違っていろいろな特長が確認されている。杭の入らないような土も軟らかくなり、獲れる作物は茎が太く、葉が分厚い。成長が促進され、収量も増えている。

また作物の食べた味は、慣行農法のものに比べて甘く、柔らかい。

ケイ素を使った類似品の土壌活性剤は、現在いくつか市場に出回っているが、これらはどれも二酸化ケイ素系を使っており、自然科学研究所の活性ケイ素に比べて分解性、浸透性が劣っている。

畜産分野でも、効果は顕著だ。

例えばブロイラー五十羽を使った実験での、活性ケイ素の効用を紹介しよう。五十羽のうち、半分の二十五羽に活性ケイ素を混ぜた飼料を与え、あと半分に従来のブロイラー用配合飼料を与えて、一か月間様子をみた。三十日後に体重を量ってみると、活性ケイ素使用飼料を食べていたブロイラーは、四〇五グラムの体重増加があったのに対して、通常のブロイラー用配合飼料を食べたほうは、三五八グラムの増加だった。

また、ウナギを使った実験をみてみよう。

放流後の養殖ウナギに活性ケイ素入り飼料を与えると、総量が六千五百グラムに対し、通常の飼料を与えた場合は、五千三百グラムの総量であった。

以上の二つの例は、明らかに活性ケイ素によって成長促進がなされているというデータである。さらに養殖ウナギの場合、通常の飼料で育ったウナギは、市場価格の低い二等品の発生率が全体で約三十グラムあったのに対して、活性ケイ素飼料では二十グラムしかなかった。品質の向上にも影響があるといえるのだ。

それればかりではない。抗生物質にとって代われるほど、活性ケイ素は病気の予防や治癒に役立っているという試験データもある。

早発性下痢にかかった子豚を実験に使用した例。二十頭のうち、十頭に通常の飲料水、残り十頭に活性ケイ素が〇・〇一パーセント入った水溶液入り飲料水を十日間飲ませたところ、活性ケイ素を飲ませた子豚は、十頭すべてが下痢が治り、普通の飲料水を飲ませたほうは七頭が治らず、そのうち二頭はなんと死んでしまった。

遅発性下痢にかかった子豚に使ってみても、やはり活性ケイ素入り飲料水を与えると、見事に治癒した。

活性ケイ素をもとに製造したストレシンは、医療分野で目覚ましい臨床例をあげている。

ストレシンを綿棒につけ、院内感染の患者の鼻腔に一日二回塗ったところ、三日で菌がマイナスになり、一〜二週間で全員が退院した。

抗生物質をしのぐ抗菌剤として、ストレシンの今後が楽しみだが、まだ厚生省の認可が出ていないので商品化はされていない。大学病院などで臨床例は重ねており、アトピーなどのアレルギー疾患、院内感染（MRSA）などでは、効果をあげている。

有機塩素系の化学物質に代表される活性酸素が、ガンやアトピー、あるいは高血圧、糖尿病などの成人病の原因とも考えられている現在、活性ケイ素の効用はますます増加するだろう。

活性酸素はその強力な酸化作用で細胞を傷つける。しかし活性ケイ素はそれを上回るエネルギーで強力な還元作用を与え、細胞を癒すことができるのだ。


健康は私たちのすべてに共通した最も関心のあるテーマ、最優先課題である。

健康は、病気の予防という観点から立てば、〝食〟管理が大切ともいえる。

ところが、戦後五十年以上が経ったにもかかわらず、占領当時の農業政策がいまだに施行され、化学肥料づけ、農薬づけの農業政策は、まさに私たち人間の健康、安全を脅かす危機的状況をつくりだしている。家畜の抗生物質づけもしかりだ。

食糧問題も、エネルギー問題も、そして環境問題も、すべては神の警鐘である。

しかし、繰り返すが、未来は明るい。非常に明るい。地中に、この大地に無尽蔵に含有されたケイ素こそが、我々に残された選択肢の一つである。

序章

時代は炭素からケイ素へ

今、なぜケイ素か。

なぜ活性ケイ素が求められているのか。

その詳細を、農業の現場から私自身が直接体験したことにより、細かく述べてみたいと思う。

第1章

活性ケイ素で土が甦る

ケイ素化学の夜明け

ケイ素化学によって、これから大きく地球環境がかわる可能性があるが、まず当面、最も緊急に対処しなければならないのが、土壌汚染の問題である。大地が砂漠化、荒涼化しつつある現状を何とかしなければ、世界的に食糧問題でにっちもさっちもいかなくなる。

しかし、ここでも活性ケイ素を使った、勿論、化学肥料も農薬も使わないで土の力を甦らせる製品がすでにあるのだ。

明日への誓い

日本が敗戦を迎え誰もが日本の将来を案じていた時、資源のない日本は将来世界の中で劣等国になるのではないかと心配する人が多かった。資源のない日本を繁栄させるにはどうしたらよいのかを真剣に考えている人達がいたのである。そして資源に代わるものとして、どの国にもない独自な技術を開発する以外に道はないと考え、当時の学者達は仲間に呼びかけ、日本の将来のためにという強い信念のもと、それぞれが専門分野での研究に没頭した。

そのひとつとして、東京工大の立木《たちき》健吉博士が中心となって、水素とケイ素《そ》を主体にしたエネルギー開発の研究が始まった。昭和34年、まだ学生であった私は、立木健吉博士の研究室に参加して、燃料開発、ケイ素《そ》化学の開発に毎日従事していた。

当時、ソ連のイルクーツクの研究所がケイ素《そ》化学の研究を進めており、医学、農学、工学と幅広く活用できることを発表していた。先生たちもそれに刺激されて、ケイ素化学に力を入れ、昭和40年には独自の活性《かっせい》ケイ素《そ》を発明したのである。

この強力なエネルギーは各分野に活用できることが判明し、先生たちは熱心に製品開発に取り組んだ。農業分野においても地力を回復させるエネルギーとして働き、しかも人畜無害で土壌にもよく、当時使われていた農薬に代わるものとして開発することに成功した。

当時の記録をみると、イチョウ病、アオガレ病など、連作に起因する病気が多発し、農薬で防止できずに困りはてていた農家が、これを使用して防止できたとある。それは今考えても、素晴らしい成果をあげている。

「使いはじめてから土の状態が変わってきた」

みんな口を揃えていた。

「杭木も入らないような土地だったが、ふかふかとした軟らかな土に変わり、手で容易に杭木がさせるようになった」

「水がよく乾き、通気性がよくなった」

「花がきれいな色に咲いた」

「実の色がよく、収量が多くなった」

いろいろな人が事細かに実体験を話してくれた。

「成長が促進される。茎が太く、葉も分厚く、実がなるのも早い。そして収量が増え、なんといっても味がよいのには驚いた」

これが立木博士の開発された活性ケイ素を使った人たちの代表的な意見である。

今から思えば、化学肥料（化成肥料）も農薬も使わず、これほどの実績と効果があったものが、なぜ社会に受け入れられなかったのか、不思議に思う。当時を振り返ってみると、それは時代の流れと逆の方向へ進んでいたからかもしれないと推察できる。

当時は化学肥料万能の時代であったし、植物が必要とする窒素、リン酸、カリなどの化学肥料を畑に撒くことで、作物は簡単に成長した。

化学肥料を使うことで、有機物を発酵させて堆肥を作ったり、その堆肥を畑にすきこむ手間がいらなくなったのである。

国の農政も化学肥料一辺倒の政策をとり、農協の指導員もその政策を進めるため、堆肥は無用であるといい、多くの化学肥料を販売した。

農家は汚れながら堆肥を作らなくてもよくなり、簡単に作物ができるようになった。黙っていても農協が集荷しにきてくれ、販売もしてくれることを農家の人たちは素直に喜んだ。こんな楽な商売はないと思ったのだ。

しかし、こうした甘い考えが土の力を失わせ、生産者主導型であるべき農業の姿を大きく変えていくことに、当時は誰も気がつかなかった。

時が過ぎ、気がついてみると地力が弱り、病虫害の発生が多くなり、その対策としての農薬が幅をきかせるようになる。農薬が散布されれば土はますます弱り、農家の人の健康が害され、環境汚染はひどくなる一方であるのに……。

農協は作物の販売を一手に握っている。と同時に、化学肥料や農薬の販売で利益をあげていた。使い方が楽で収量も多い化学肥料や農薬で作ったものも、手間ひまかけて作る無農薬農法で作ったものも、同じ値段で売れるのであれば、わざわざ手間ひまかけて作る者がいなくなるのは当然である。

なかには立木博士の活性ケイ素を実際に使ってみて、地力の回復の効果に驚き、先生たちの主張に賛同して化学肥料や農薬を使わずに農業をしようという人もいた。しかし、農協から資材を買わないものは、農協が作物を売ってくれない。だから仕方なく、市場に出してもらうため、農協の大きな流れのなかに入って目をつぶらなければならなかったのである。

そんな状態のなか、立木先生たちの理念も信念も次第に押し流されていった。

敗戦後、資源のない日本の将来を憂い、新しいケイ素《そ》化学によって日本の再建をはかろうと考え努力したにもかかわらず、世界の大きな流れには勝てず、日本も炭素化学の開発へと進んでいった。企業も炭素化学一辺倒となり、目先の利益を求め、莫大な利益をあげた。そんなとき、海のものとも山のものともわからない新しい化学に投資する企業などなく、ケイ素化学も次第に世間から忘れさられていった。立木研究室での数々の新しい発見や実績も、世に出る機会がなく、現実社会に追われ埋もれていったのである。

結局、古ぼけた小さな大学の研究室から大きく羽ばたいていくことができないまま、ついに推進者の立木博士が東京の虎の門病院に入院されてしまった。昭和58年のことだ。私が病室を訪ねると、高齢のためか、それとも病魔に侵されていたためか、先生は見る影もなく痩せておられた。声をかけることを躊躇していると、先生のほうから

「元気か」

と声をかけてくださった。その声があまりにも力強く腹の底から出ていたので、私は少々びっくりした。

「ええ…元気です」

そう答えて、弱々しい先生の体を見た。情熱に燃えて研究されていた先生の姿がふと思い出される。

苦労と努力の連続であり、世の中に受け入れられない悔しさに負けず、いつまで続くかわからない貧困のなかで、研究を続けられた先生の研究人生。

そんな先生が熱い視線を力強くこちらに向け、

「ケイ素《そ》化学はこれから日本のために必要だから、君たちにぜひ続けてほしいのだ」

といわれた。

私は躊躇した。なぜなら、私は先生と専門が違っていたこともあるが、それ以上に先生のご苦労を知っていたので、将来のことを思うと自信がなかったからである。

「どうだね、やってもらえるかね…」

私は返事をすることができなかった。しかし、一度聞いてみたいと思っていたことが口を突いて出てしまった。

「先生はこの化学に命をかけ、報われることもなく、それどころか世間から冷たい目で見られ、相手にもされませんでした…」

すると、先生は私の気持ちを察してくださり、

「僕はこの研究をさせていただいたことに、本当に感謝している」

微笑をうかべ、本当に満足そうな顔をなさった。

「君、科学は世のため人のためになってこそ真の科学であり、一企業や個人の利益のためにあるものではない。科学することは、利益を追求することではなく、自然を探求すること。大自然の力を解明させていただいて、その力を科学し、世のため人のた

めにつくすことなんだよ」

私をただすように先生はそういわれて、そして大きく息を吸って目を閉じると、何かを考えるような面持ちだった。やがて私のほうに顔を向けて、

「もうわかっていると思うが、世のため、という場合の世とは、世の中のことではない。世とはあるがままの大自然のことだ。人間も、石も、草木も、空気も、水もすべてだ。事業だって世のためになることで儲けさせていただいている。そういう仕事は自然に儲かる。儲けることではなく、儲かることが大切なんだよ」

そして先生は、この化学のあり方を話され続ける。

「ただ私がやったことは、少し時代が早すぎたというだけのことなんだ。しかしこれからは絶対に必要な化学となるだろう。君は専門が違うが、今となってみれば君しかできるものがいない」

そういわれてみると、この化学に従事し残っているものは、もう私しかいなかった。

「この化学の灯りをどうか消さないでほしい」

先生の悲痛とも聞こえる思いに私の心は大きく揺れ動いた。しかし、軽々しく返事をするわけにもいかず、困っていると、

「君も生活があることだし、すぐにとはいわない。しかし、真剣に考えてほしい」。

それから数カ月後、立木健吉博士は亡くなられた。

先生の死を機に、私はこの化学のもつ意義と使命を考えるようになった。同時に先生方のご苦労を目のあたりにしている私には、同じ苦労はしたくないと思い、悶々とした日々を過ごした。

環境問題や自然破壊、食と農、農薬汚染と健康…、などといったようなテーマが、マスコミで頻繁に報道されるようになると、ますます私の迷いは深くなった。

昭和40年頃に、立木先生は、農薬や化学肥料によって地力が落ち、やがて日本が不毛の地になることを恐れていらした。それに対処するため地力を早期に回復させることを考え、研究された結果、ようやく地力回復技術を開発されたのである。

しかし、昭和45年頃には、農家は土によって作物が育てられるいう自然の摂理を忘れていた。それどころか、農家のほとんどが作物は化学肥料で育てるものだと思い、先生の意見に耳を貸そうともしなかった。

この時の体験が、私の農業への関心をうすれさせていった。正直なところ、それ以来、農業に関わりをもたないようにしていた。

あの悔しい日々を思い出すだけで腹が立つのだが、今のこの危機的状況を目の前にすると、解決する手だてを知っているだけに、無関心と拒絶の中にいてよいのか否か思い悩むのであった。

そんなある日、テレビを観ていたらある局で終戦記念番組をやっていた。戦地に赴く兵士たちからの家族に宛てた手紙が朗読されていた。兵士たちの無念さや悲しみがブラウン管を通じて私の胸に熱く広がっていくのを感じた。

大きな流れのままに、自己の意識と関係なく将来の夢も捨て国のために、家族のために我が心を捨て、国に命を捧げた人たち。その人たちのお陰で今があるかと思うと、申し訳ない気持ちでいっぱいになった。生きている私たちが、国のため子孫のために何かなさなければならない、と痛切に思ったのである。

日本に素晴らしい未来を、と念じながら戦場で散っていった人たちのことを思うと、いてもたってもいられない気持ちになり、立木先生のご遺志を継いでどうしてもやらなくてはならないと決意したのである。

「喉元過ぎれば　熱さ忘れる」

のたとえどおり、私たちは、先輩たちの血の出るような努力によってもたらされた平和であることを忘れてしまっている。そうでなければ、経済を優先して自然破壊や環境汚染をするといったことはできないはずである。

自然の恵みがあるから企業も生きられることを自覚し、今こそ地球のために人類のために、真剣によりよい方策を実行に移さなければならない時が来たのである。

生かされている証しとして、微力ではあるが、私は世のため人のためにこのケイ素《そ》化学を継がなければと、先人たちの熱き思いを胸に明日に誓ったのである。

注目され始めたケイ素化学

私が農業関係者に深く関わりあうようになったのは、ケイ素化学とめぐりあってからである。

当時、ケイ素化学といっても聞き慣れない言葉であり、実際にそんな化学を研究している大学も企業もなかった。石油や石炭が全盛の時で、他の分野の学者からも軽視されていたのである。

私が立木博士の残されたケイ素化学を引き継いで、2年目の春を迎えた平成2年、ある転機が訪れた。

それは新聞報道から始まった。

新聞の記事を要約すると、こうだった。

政府が10年後に向けて実用化するために、１６０億円の予算をとり、ケイ素化学開発のため、産、官、学でプロジェクトをつくった。その内容は、炭素部分をケイ素に組み替えること。その主成分となるケイ素は地球上の土石などに含まれ、石油化学系製品の代替成分として注目されている。新しい有機素材として物質開発をしようというものだ。副作用のない医薬品、無公害の農薬をつくることが可能であると、通産省はみている、というものだった。

政府がケイ素《そ》について発表してから、世の中でケイ素という言葉が抵抗なく受け入れられ始めた。と同時に、ケイ素研究をはじめる会社が多くなった。

これは日本ばかりではない。世界が炭素化学からケイ素化学へと移ろうとしていたのである。それまでケイ素（シリコン）は、セラミック、ＬＳＩなど工業的なものだけに利用されてきた。しかし、本来ケイ素は、政府が提唱するように、医学、医薬、農学、科学の分野に有効な使い方があり、最近各国でも炭素をケイ素におきかえた新しいものの開発に取り組んでいるという。

ケイ素と生命

ここで、先ほどから再三登場しているケイ素について簡単に述べておこう。ケイ素がいかに生命体にとって大切であり、またわれわれの身近にあるものかがわかっていただけると思う。

たとえば、よく見かける乾燥剤（シリカゲル）、強化ガラス（石英ガラス）、セラミック、陶磁器、シリコンゴム（耐熱パッキン、絶縁テープ）、ＩＣ（シリコンウェハー）等、これらは全てケイ素（Si）が使われている。

日本では、特に半導体を中心にして発展し研究されてきたのである。

工業としては飛躍的に発展をとげたが、工業以外の目的には研究されないまま現在に至っているのである。ここにきて世界の学者たちはケイ素の可能性に大きな期待を持ち始め、特に生命とケイ素に大きな関心を持ちはじめた。

「生命とケイ素」については、一七八九年にデンマークの学者ペ・アビリガルトが海の海綿虫からケイ素を分離したことで、動植物の体内にケイ素が存在することが明らかになった。

それ以後、次から次へと、ほとんどすべての生体内からケイ素が検出されたことで、原子生物から高等生物までケイ素がなくては存在できないことを、研究者たちは証明している。

やがて、ケイ素をベースにした生物の存在の仮説を唱えるソ連の学者ヤ・ヴエ・サモイロフ、エス・ア・モロゾフ、アメリカの科学者エ・フェンドリックが現れた。彼らは、どこか他の惑星で我々のように炭素でなくケイ素をベースとする生物がいるかもしれないという仮説をたてたりした。我々の惑星でも炭素生物の前にケイ素生物が先住し得た可能性があり、これらのケイ素生物の死んだケイ素骨格から、水成岩と鉱物が組み立てられたと唱えた。そして、我々の惑星にあるケイ素物質は遠い昔に消え去ったケイ素生物のなれのはてであると、嘘とも本当ともいえない仮説をいうのである。

アメリカのエ・フェンドリックが小説の中で、ケイ素人間がウイスキーをあおり、アルコール中の全炭素をケイ素に置き換えれば、シリコンアルコールができて燃えるような感覚が味わえ、魅惑的・最強なものになると書いている。

その他にもケイ素生物の可能性について、いろいろな学者が空想を交えて書いていることは、ケイ素への無限の可能性と熱い期待を物語っているのではないか。

現在さまざまな研究や観察結果により、下等動植物だけでなく、人間の成長と発育にもケイ素化合物が不可欠なものであることがわかってきた。人間とケイ素の関係も少しづつベールが剝がされてきつつある。

ケイ素は、成人一人あたり1日10～12mg摂取しなければならないが、摂取量が減ってくると、リンパ病やくる病などにみられるアテローム性動脈硬化症「ケイ肺性貧血」が起こる。また比較的多量のケイ素を含む動物の皮膚、軟骨などを食べない国では、アテローム性動脈硬化症が特に多くなっているという。飲料水中の二酸化ケイ素(SiO_2)の含有量が少ないフィンランド東部では、心臓血管病による死亡率が高い。これらは、飲料水中や食品中のケイ素量の不足が、アテローム性動脈硬化症などを起こさせる病原因子になることを示している。

反対に、病弱な子供にケイ素添加食品をとらせるようにすると、よく成長し発育もよいという結果も報告されている。人間以外でも羊が毛の病気にかかった時、外皮に多くのケイ素を含んでいるキビを食べさせると、毛の病気が治ったりする。檻の中の猿は冬に毛が抜け落ちると、ケイ素を多量に含んだ粘土を食べて毛を回復させるという。

アメリカの生化学者は、ケイ素が正常な発育に必要であることを実験で示している。その実験は、動物の食料と周辺環境から完全にケイ素を除くと、骨の構造が破壊され、毛がみすぼらしくなって成長も30〜35%遅く、病気に対しても抵抗力のない状態であったと報告している。しかし、その実験動物にケイ素が多く含まれている水や餌を与えると、正常な状態にもどることが確認されている。

このようにいろいろな研究者たちの研究結果から、今ではケイ素の重要性がわかってきたし、多くの病気がケイ素化合物の代謝プロセスにより防げると、学者たちは考えるようになってきた。しかし、まだケイ素を人工的に作れないので、飲料水や食物から摂取する以外にないという現実がある。

最近、フランスである種の病気に、二つのケイ素剤が薬事法で採用された。それはボルドーのエヌ・デユッホ教授の指導で作られた。DNR（別名 Conjonctil。サリチル酸とメチルケイ酸カリウムまたはメチルケイ酸ナトリウムとの錯体）とRND－

ジメチルシランジオールとグリセリンの環状エステルなどである。DNR型薬剤のイオン泳動法を使った7年間の臨床では、慢性心臓障害の患者の80%を全治させることができたとの報告もなされている。

しかし、医学や薬学でのケイ素の研究は始まったばかりの段階で、いまだ実験の域を出ていないのも事実。しかしこれから大きな期待が持てる元素であることには間違いない。

ケイ素は炭素にないものをもっているし、性質もよく似ている。炭素に手が4本あるのと同じように、ケイ素にも手が4本ある。わかりやすくいえば兄弟みたいなものなのだが、ケイ素に比べて炭素のほうが扱いやすい物質だった。

ソ連では数年前から生物界におけるケイ素の研究を進めていた。そのことを示す興味深い論文を紹介しよう。

(M・G・ヴォロンコフ(旧ソ連)アカデミー準会員の論文から)

「我々はケイ素世界に住んでいる。その酸素化—シリカやケイ酸塩は土壌、砂、各種鉱物の無機成分で、セメント、ガラス、セラミックスなど工業原料であり、今世紀後

半になると有機ケイ素化合物—シリコンが文字通りすべての分野に進出してきた。

ケイ素は、飲料水に溶け込んだその化合物や空気中に浮遊する微細なほこりの形で、また食品とともに毎日我々の体内に入ってくるが、人体中のケイ素の量は少ない数値である。

現在でも有孔虫、放散虫、ケイ藻類その他多くの「古い」単純な生体は、環境からケイ素を取り入れ、まず自分の殻や骨格をつくるのに利用している。

今も残っている「太古」の植物であるトクサ、スギゴケ、シダ類を調べると、ケイ素の含有率は高い。さらに土壌中や岩石上には、いわゆるケイ酸バクテリアが岩を破壊して植物が摂取できる形にしカリウム、リン、ケイ素、その他いくつかの微量元素を取り出している。これらバクテリアが、陸上に出現した高等植物の生活土壌をつくりだした最初の生物だったということは大いにありうる。

多くの高等植物の生命活動でも、ケイ素化合物が重要な役割を演じている。

例えば、小麦、カラス麦、キビ、米、ポートのような重要農作物や多くの樹木は、土壌からさかんにケイ素を吸収し、それらの組織内でケイ素は茎に力学的強度を与えるだけでなく、樹木にとって最も重要な防御機能を確保する。

この種の植物には、ケイ素化合物を肥料として与えると成長が促進され、収量が増加し、倒伏、干害、寒気、病菌に対する耐性が高まり、土壌からの栄養の摂取もよくなる。植物中には、ケイ素の無機化合物を有機化合物へと変換することを促進する、特別の酵素「シリカーゼ」さえ発見されている。

ケイ素化合物は高等植物と人間のあらゆる組織上に存在するが、主として結合組織、皮膚と骨、歯とエナメル質、毛、腺に集中し、多くの生理的プロセスで重要な役割(例えば骨組織の形成と成長を促進する)を果たしている。

また、骨折部位ではケイ素含有率が50倍近くまで高まり、人の毛髪、動物の毛、鳥の羽の成長にとってケイ素の意義は大きく、多くの病気がケイ素代謝の破壊と関係がある。

皮膚、動脈、骨組織中のケイ素量は、年齢とともに大幅に減少していくことから、ケイ素代謝は老化のプロセスとも密接に関連している可能性もある。人間は毎日10~20ミリグラムのケイ素を摂取しなければならないが、ケイ素を多量に含むミネラルウォーターは、老人、とくに胃腸病、糖尿病、代謝失調に悩む人達の健康に極めて有効な作用をおよぼす。これまで行われた多くの研究結果をみても、生体内でのケイ素の役割を分子レベルでの研究をも含めて広く綿密に調べ、各種の病気や外傷の治癒と予防、老化の防止にケイ素化合物が利用できる可能性を探る必要があると結論できた。また、有機ケイ素化合物の中に新しいクラスの抗菌物質が発見されている。これらは、多くの病原菌の成長と繁殖を有効に抑制する。場合によっては、抗生物質よりも有効の場合がある。さらに結合組織の成長を促進するケイ素含有物質も発見されており、結合組織の破壊から起こる多くの病気の治癒に役立つと期待されている。(中略)いずれにせよ、「ケイ素と生命」の問題の研究は生命活動のプロセスメカニズムと生体組織の構造についての従来の知見をひろげ、人間の健康と長寿をめざす努力に新しい道を開いたといえよう。そしてこれまで知られていなかった生物的活性を持つ多くの合成、ないし天然ケイ素化合物の工業的生産を軌道に乗せるだろうと、確信している」

この論文を見ればわかる通り、ケイ素のもつ可能性と有効性がかなり的確に指摘されている。

すでにあるケイ素化学の応用技術

このように世界中で研究されはじめたといっても、実用化されるにはまだまだ越えなければならない部分も多いといわれているケイ素。それをすでに名もない小さな研究所（自然科学研究所）が実際に作っているといっても誰も信用しないだろう。しかし、実用段階のケイ素化学応用製品は、もうすでにある。

小さく名もない研究所であるため、品物の評価より研究所の評価で判断され、話も聞いてもらえず、試験もしてくれないことが多かった。

ケイ素化学でできた製品があまりなかったのだから、無理もないと思う。どちらにしても、今までケイ素は炭素に比べて虐げられてきたことだけは事実である。

しかし、先ほどの旧ソ連化学者の論文の中にある、「ケイ素化合物を肥料として与えると成長が促進され…」という部分は、活性ケイ素でつくった土壌活性剤（商品名「ムクダイ」）で実現されており、同じく「有機ケイ素化合物の中に新しいクラスの抗菌物質…」とあるものや、日本政府が無公害の農薬と期待している物質も完全に開発し、実用段階まで進んでいるのである。

土を活かすムクダイ農法とは?

土を活かす画期的な土壌活性剤「ムクダイ」

長い時間をかけて立木先生たちが研究し開発してきたものは数多く残されているが、私がこの化学を継いで最初にとりかかったのが、農業問題だった。人間が生きる上で重要である「食」、その食は農業があってはじめて確保できるのであり、農業なくしては人間は生きられないと思ったからだ。

今、食と農が危ないと叫ばれている。その原因は農薬や化学肥料の使い過ぎによることは、明白な事実である。また農薬、化学肥料を使わないと作物が十分にできない土壌になっている状況も、どうしようもない事実である。

農業が衰退していけば、国の繁栄は望めない。

農業を永久に繁栄させせるのは土である。だから人間は土を育てつくらなければならない。だが、土を育てるためには農薬や化学肥料を使わない方がよいのだが、戦後の日本農業は作物を育てることばかり努力して土を育てることをしてこなかった。

今、求められているのは、農薬や化学肥料を使わず、しかも収量と品質を落とさない農法（技術）であり、安全な食物の生産と供給である。この農業の現状を少しでも解決したいと考え、土壌活性剤「ムクダイ」を最初につくることにした。

活性《かっせい》ケイ素《そ》はエネルギーであるために扱いも難しく、そのまま使用すると強すぎるため希釈しなければならない。その希釈剤として昔、立木先生にいわれて私はよく魚屋に魚のアラを取りに行かされた。魚のアラがないときは食堂に残飯をもらいに行った。少し汚い思いをしたが、希釈剤として経費もいらず、また土壌にもよいものであり、一石二鳥なのである。今なら市販された希釈剤を使うのだろうが、明治生まれの立木先生は少しでもコストを下げるために、捨てるものを利用された。昔の人はものを作るとき無駄がないように、できるだけあるものを生かして、リサイクルすることが自然に身についている。今さらながら、頭が下がる思いがする。

人間は生活すれば、排泄物は必ず出てくる。その処理はやっかいで嫌われることだ。とくに残飯は時間が経つと腐り、温度によってはすぐに雑菌が繁殖して、衛生的に悪い状態になる。人間が生きていくための排泄物だから仕方がないのだが、先生たちはそのやっかいものを、希釈剤として使ったのである。

排泄物を資源としてとらえ、今でいうリサイクルを40年前に実行しているということに感銘を覚える。

生ゴミや魚のアラなどはすぐに腐り、腐敗臭が出て再利用しにくい。だから一般では焼却するのだが、立木先生たちは腐敗臭を出さずに腐敗させることも、合わせて研究していた。この時の成果は、今、脱臭剤として実用化されている。

腐敗させても悪臭がしないので、リサイクルとして手軽に使うことができ、作業もしやすく多方面に利用することができるようになった。

思えば、昭和45年頃から、堆肥無用論が叫ばれ、それまでおこなわれてきた有機農法（自然農法）はほとんど姿を消し、堆肥に代わって化学肥料が使われだした。その化学肥料だけに頼ってきた農業が、今、ツケとして地力の低下や、連作障害に苦しめられている。地力の落ちた土にいくら堆肥をいれても、すぐに回復することは望めない。だから、農家の人は昔の方法にもどることもできず、仕方なく慣行農法でいくしかないというのが、現状である。

例えばケイ素を元にして研究開発した脱臭剤を一つとってみても、現在どこにでもあるような二酸化ケイ素(SiO_2)とは全く異なった、いまだ存在しない新しい物質なのである。その反応過程を示したものが、下記の図である。

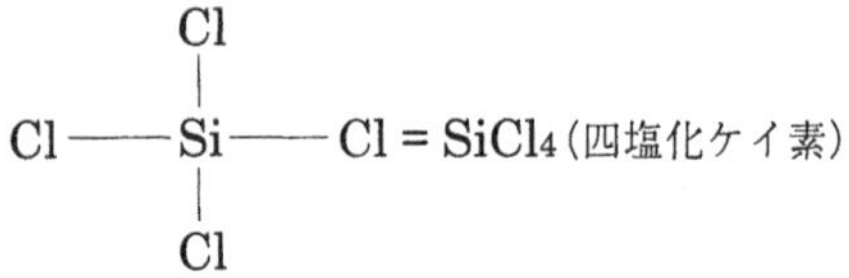

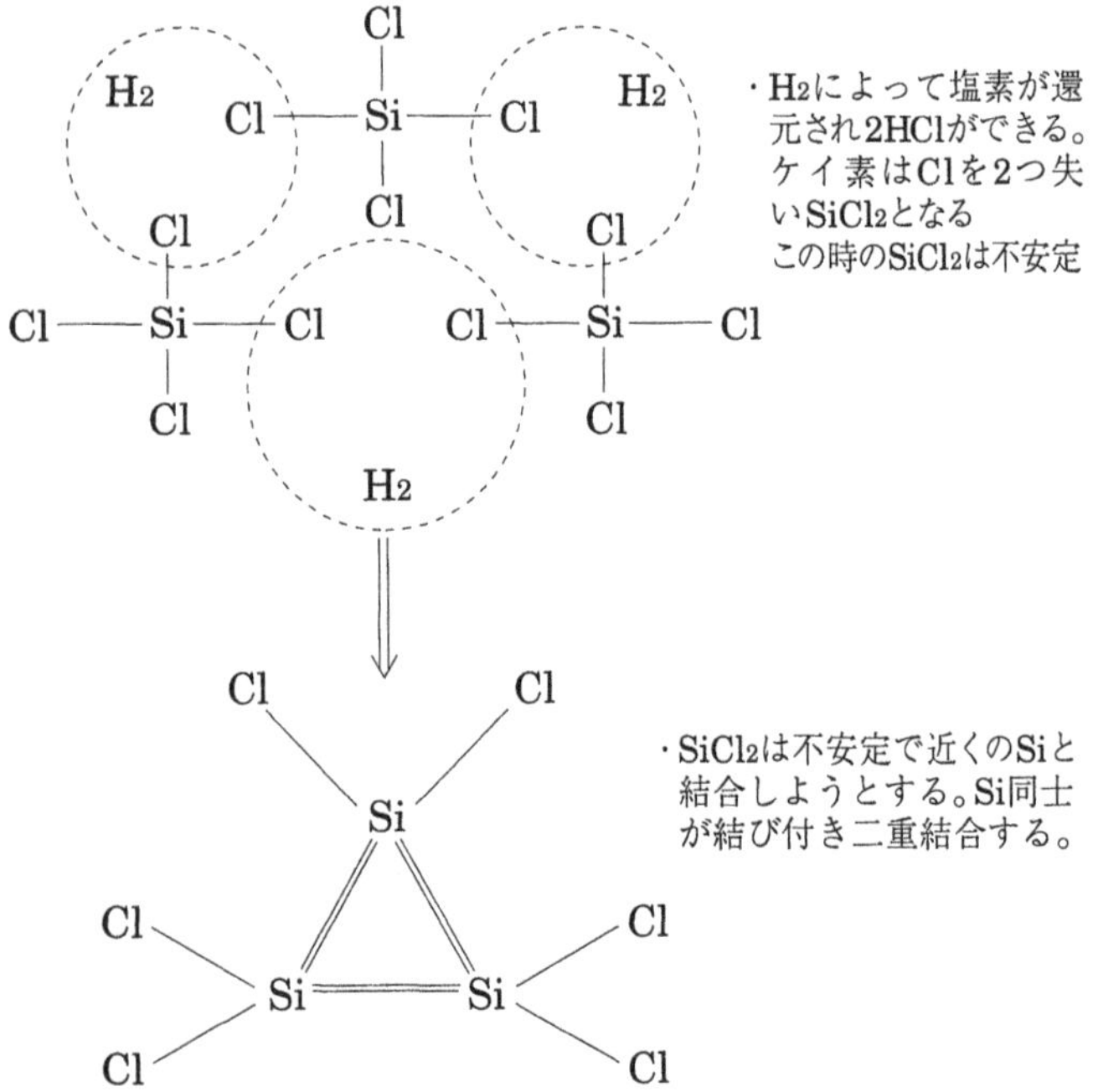

・H2によって塩素が還元され2HClができる。ケイ素はClを2つ失いSiCl2となる
この時のSiCl2は不安定
・SiCl2は不安定で近くのSiと結合しようとする。Si同士が結び付き二重結合する。

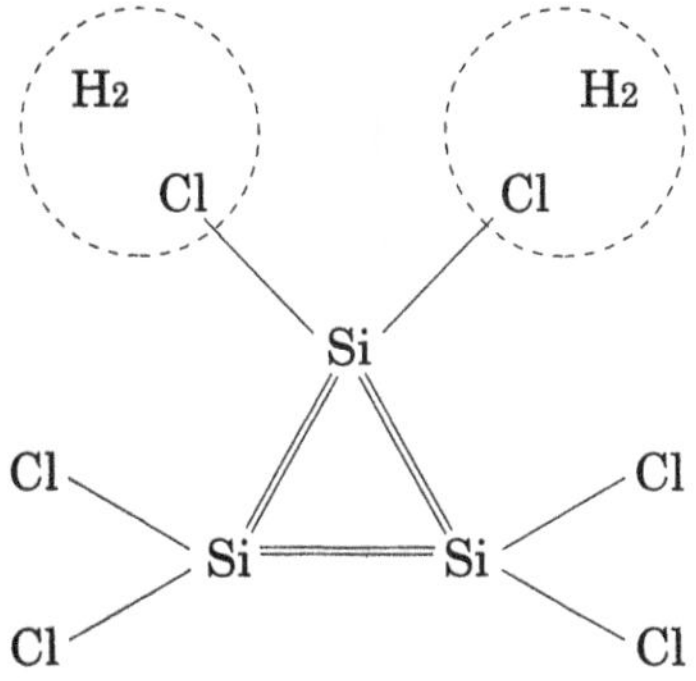

・Si_3Cl_6にさらにH_2で還元される

H_2+Cl→HCl+Hとなり HがSiに加えられる。

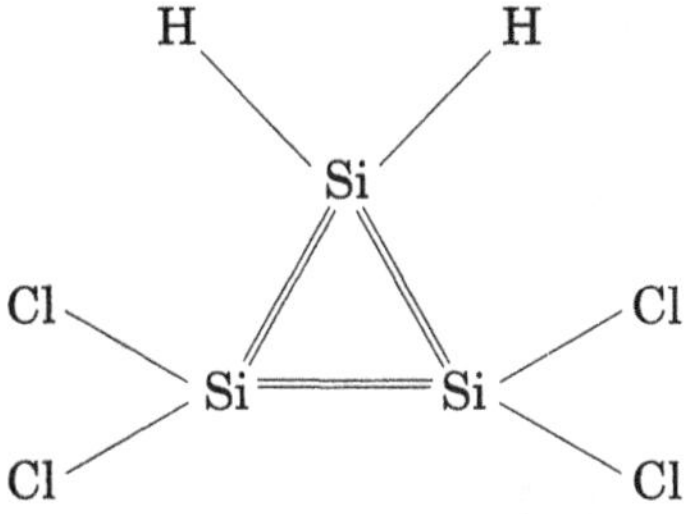

・四塩化ケイ素還元終了。$Si_3H_2Cl_4$となり、自然科学研究所開発のケイ水素塩化物となる。

これは自然科学研究所独自に開発されたものである。

学名　Silico hydrogen chloride
通称　Silifon liquid
日名　ケイ水素塩化物(活性ケイ素)

ある学者にいわせると、地力が落ちた土壌に堆肥を入れても地力を取り戻すまでには10年はかかるという。

一度失った自然の力は、すぐにはもどらないのだ。

予想外の効果

活性ケイ素化学とは聞いたことがない新しい言葉であり、しかも農薬や化学肥料を使わずに、現在より収量や品質を落とさない製品だと説明すると、ほとんどの人は一様に信用しない。

「それはどんな菌なのか」

「そんな夢みたいなおいしい話はないよ」

といって笑って相手にしてくれない。それでも彼らに、

「堆肥を使わず化学肥料にたより、農薬を散布していると、土は死んでしまう。先祖代々、精魂こめてつくってきた財産だから、それをあなた方の代でつぶしては、ご先祖さまに申し訳がたたないのでは」

と私はよくいう。が、理解しようとする人は少ない。とくに、新しいことを自分が率先してやるのは損だと思っており、誰かが先にやった結果を見てからやりたいという人が圧倒的に多い。

連作障害で本当に困っている人のなかには、

「だまされたと思って試験してみようか」

といって小規模ながら試みる人もいる。

使ってみれば論より証拠で、その結果はこちらのいう通りだから、農家の人は驚く。

ある日、広島県佐伯町役場から1通の手紙が届いた。

内容を見て私はびっくりした。

『活性ケイ素を有機・無農薬栽培に活用する試験』とある。

『近年、地球・自然環境の破壊問題がクローズアップされるとともに、有限資源の枯渇が問題視されるようになり、リサイクル農業、有機・無農薬農業が重視され始めてきた。

一方、農畜産輸入を機にポストハーベストの影響で、自然・健康志向が高まり、消費者のニーズも有機・無農薬農産物の要求が強くなってきた。

このような情勢もあって、生産に携わる農家および関係者とも、できることなら有機・無農薬栽培に取り組みたいという願望をもっている。が、有機質肥料の確保難、収穫・規格の不安定、販売価格の不安などで、農法転換の取り組みに躊躇しているのが実態である。

ところが、化学・農学の世界では今までまったく無視されてきた有機ケイ素が、これからの諸問題を解決するとの研究成果がある。

そこで、このたび有機ケイ素を利用し、その成果を確認することにより新しい農法確立をめざすこととする。（後略）』

その打ち合わせとして、現場まで一度説明に来てほしいという趣旨であった。

私としては願ってもないことで、喜んでお伺いしたいと返事をだした。内心では、いいチャンスであり実力の見せどころだと、勇み立ったのである。

指定された日に役場に行くと、役場の人、広島県経済連、佐伯中央農協、広島県農業改良普及所、そして民間の団体で「食と農を考える会」の人々が、出席されていた。

佐伯町は農薬を使わない村として村おこしをしたい計画であることを、産業課課長が挨拶の中で述べ、会議は始まった。

出席者の顔ぶれを見ると、知っている人は3人ほど。あとは知らない人達ばかりであった。少なくとも、そのうちの6名は、その服装から経済連、農協関係の人だとわかった。

次に経済連の課長の挨拶があり、続いて私の紹介となり、ムクダイ農法の説明をすることになった。

私があえてムクダイ農法といったのは、従来の慣行農法とは完全に区別するために、土壌活性剤の名前を使ったためである。

「ムクダイ」を慣行の分類法でみると、土壌改良剤であり、農薬であり、肥料であり、また成長促進剤でもあるといえる。厳密にいえば、そのどれにもあてはまらない新しいタイプのものなのであるが。

経済連からは、肥料専門や土壌専門の先生方が出席されており、土壌活性剤のようなはっきり分類ができない曖昧な商品に対して、軽蔑の念があるのをなんとなく感じた。しかしそうしたことを気にせず私は話を始めた。

「ムクダイ農法は、農薬や化学肥料を使わないことを基本にしています。この農法は土づくりにあり、地力を回復させることを優先します。皆さんもご承知の通り、有機物をいれても、地力はすぐにもどりません。今、農業に必要なことは失われた地力を回復させることです。地力が落ちてしまった土を元に戻すには、数十年かかるといわれています。しかし、「ムクダイ」を使用することにより、早期に地力をもどすことができます」

一気にしゃべり、様子を見るため少し間をおいた。皆一様に話は聞いてくれていたが、実際にはそんなことが簡単にできるわけがない、納得のいかないという顔をして私を見つめている。

しかし、私の主張する、土をつくり地力を回復させることが大切であり、そうしなければならないということに、異論を唱える人はいなかった。

「今までの農法は人間が直接植物を育てようと努力してきました。そのための薬品が数多く開発され、使われてきたのです。しかし、それらは植物を中心に考えられていて、その根本である土のためにというようには考えられていません。極論をいいますと、植物だけを育てようとしているため、土が必要ないということになるのです。でも私たちは違います。植物は土が育てるものであり、人間は土を育てなければならないと考えるからです」

すると若い農業指導員の一人が、

「趣旨はわかりましたが、提出されている資料をみますと、「ムクダイ」の成分表のうち肥効成分がかなり不足しているように思います。これでは植物は育たないのではないでしょうか」

と質問してきた。

私は当然この質問がでてくることを予想していた。実際に植物の三元素である、窒素、リン酸、カリが「ムクダイ」には少量しか含まれていない。今までの農法知識から見れば、植物が育たないと判断するのは当然であった。

「その通りです、三元素が不足しています。従来の考えでは、満足に成長しないでしょう。しかし先ほども申し上げました通り、「ムクダイ」は土づくりを重視します。その立場から見ると、土にとって三元素はそんなに必要ではないのです。私どもの農法では土が植物を育てます。植物が必要とする養分は原則として土が生成して与えるのです」

といっても場内の反応はなく、反対意見もないようだった。

「結論からいいますと、人間が直接植物を育てる方法か、土が植物を育てる方法か、ということです」

そういい終わった私は、急に脱力感を覚えて、話す力が抜けていくように思えた。それはかつて味わった苦い経験を思い出さずにはいられないものであった。その後の会議でありきたりの常識論をやり取りしているうちに、彼らに何も期待していない自分に気がついた。

しかしすぐに気をとりなおして、これだけはいっておかなければならないと思った。それは今の農法では土が死に、土が死ねば作物ができなくなるだけでなく、いずれ人間も滅びるだろうということを。だから1日も早く自然の土にもどしてもらいたい、そんな叫びたい気持ちの高ぶりを抑えながら、

「皆さんもご承知のように、今の土壌は地力が落ちています。この状態が続けば大変なことになります。1日も早く地力をとりもどすことが大切です。それが可能な方法であれば、なにもムクダイ農法でなくてもよいのです。今、我々がなさなければならないのは、どんな方法であっても土に力を与えることなのです」

誰も異論を唱えず、静かに聞いている。質問もなく進み、最後まで盛り上がることのないまま、私の説明は終わった。

ここに集まっている人は、少なくとも今まで農業にタッチしてきた人であり、それなりに知識があり、指導的立場にある人たちばかりである。考え方は違っていてもこれからの日本の農業を支える人であると思うのだが、まったく積極的な姿勢がみられなかった。

ムクダイ農法が彼らの予想に反した方法であるため、誰一人として好感がもてないので、議論する気にもなれない、そういった雰囲気だった。

「そんな夢のような話があるものか、いうだけで実際にできるわけがない」

「簡単にできるのなら、今まで誰も苦労はしない」

たぶん彼らは腹の中でそう思い、聞いていたのだろう。

長い時間をかけて化学肥料の研究をし、それを実践して指導し、今でも彼らは化学薬品の力で植物をよりよく育てられると信じて、努力している。それなのに、化学肥料は使わなくてもよいといわれても、納得のいく話ではないのだ。

ムクダイ農法は今の農法を否定するものであり、経済連の先生たちも、私が役場の依頼で来ている関係上、無駄な議論はさけたいようだった。

ムクダイ農法と慣行農法は基本的に違うのだから、私も議論をしても仕方ないと思

っていたので、

「農法が基本的に違うのだから、これ以上お話をしても仕方がないでしょう。面倒でも畑を2等分に分け、ムクダイ農法と慣行農法の試験をすることにしたらどうですか」

と役場の人に提案した。役場としても、両方の顔をたてる必要があり、快く承諾して、役場が試験農家と作種を選び、その成長過程と結果については、県の農業改良普及所が記録し、経済連が経費をもつことで決まった。作種が決まり次第、施用法を提出してスタートすることになった。

役場の人も農協関係の人も、この新しい農法を本気で試験しようと考えているのは、わずかで、大半の人はわけもわからないことをあえてする必要がないと考えているようだった。

土が甦ればすべてよし

今回の試験栽培は、世の中に私たちの理念と技術力を示す絶好のチャンスであり、土づくりを叫び、地力の落ちた現状を憂い、地力を甦らせることを主張してきたことを立証するのによい機会であった。

これまで土壌改良剤として有機物を主体にしたものが、多々世の中に出回ってきたが、どれをとっても芳ばしい結果がでていない。

ある農家では、土壌改良剤と聞くだけで効果がないと思うという。今までにいろいろなものを使ってきた結果、そう判断しているのだ。

一つの例をあげると、一時、下水汚泥を処理したものを土壌改良剤として農協などを通して売られていたが、結果はひどいものであった。これらは汚泥を処理することが目的だったため、一見、土によい堆肥のようにみえても堆肥化されていなかったのである。今はそっくりそのまま使われずに、倉庫に眠っているそうだ。どちらかといえば、処理業者が汚泥の処理に困って出されたアイデアであり、リサイクルブームにのった業者の策略であるようにも思える。

「畑はごみ捨て場ではない」のである。

生産者も農協も、これからの農業についてもっとよく考えてほしい。

昔のようにまだ土に力があった時ならば、有機質を入れるだけで作物はよくできたが、今は土の力が落ちている。ただ有機質を入れるだけではだめなのである。ましてや、有機質や土壌改良剤を使いながら、農薬や化学肥料を使っていたのではは土の力が甦るはずがない。こんな簡単な理屈は誰でも知っているはずなのだが、生産者は収量を落としたくないし、つい効率だけを求めてしまうから改めない。いつまでたっても土に力が甦らないのである。

昔の農業はどうであったのだろうか。

昔の人は理にかなった輪作をしていた。

同じ土地に毎年同じ作物を植えたりせず、違った作物を一定の順序で循環して栽培していた。

日本では古くから水田が発達し、稲作と麦作が交互におこなわれ、稲作の時は多くの灌漑水を入れ、灌漑水から各種養分が補給されていた。藻類やウキ草などが発生して、有機物の補給を伴っていたので、地力の低下があまりなかった。

西洋の畑作では、連作すると生産量が衰えるので、小麦をつくったあとは少し休ませたり、放牧して土地を肥沃化させる。そのあとに再び小麦を植えるといった輪作がおこなわれてきた。

先人たちの知恵は自然循環で地力を落とさないようにしてきたのだが、自然の循環を断ち切ってしまった現在では、土は弱り、死にかかっている。

昔にもどって、有機質だけで、弱った土を回復させるには、時間がかかる。これを我慢して何年も続けていると地力がつくのだが、我慢ができなくなってくる。どうしても今より収量を悪くはしたくないと思うため、化学肥料をついつい使ってしまうのである。

「農薬や化学肥料を使わないでください」

という理由は、土を基本と考えるからだが、農家の人は、

「使わないと収量や出来が悪くなるではないか」

と必ずいう。

「だいじょうぶです。有機質と「ムクダイ」の働き、この2つがあればよいのです」

このように答えるのだが、誰も信用しない。

試験栽培をしていることが近所に知られ、近所の農家の方もやってみたいという人がでてきた。私たちはどなたにも同じように指導するが、なかには、

「こんなことで作物ができるわけがない」

「こんな少ない量で、効くわけがない」

などと否定しながらも、こちらがいった施用法に従ってしぶしぶと耕作するのである。

実際に私たちのムクダイは、活性ケイ素を主体に、希釈剤として生ゴミを腐らせてつくっているので、今までの化学肥料の施用法とは比べものにならないほど使う量は少ない。使用者側からみれば、不安になるのもわかる気もする。

彼らは心配しながらも、こちらの計画通り土づくりをして、種や苗を植え、三か月も過ぎた頃には、態度もがらりと変わってきた。思っていたより結果がよいことと、彼らが考え予想していたことと違った現象が起きはじめたからだ。

あれほど心配し、不安な気持ちをあらわにしていた人が、期待に胸をふくらませて言葉も態度も変わってくるのがわかる。

長い農業の経験で、実際に土が少しずつかわってきているのがわかり、私が主張する地力の回復を実感できるからである。

正直なところ、土壌改良剤という名称で呼ばれることに私は多少の抵抗は覚えるが、今はこのように呼ぶしかない。大量生産するための設備資金の融資を県に申し込むと、

「活性ケイ素」では融資できないとすぐ断わられるためだ。

しかし、たとえ土壌改良剤として申し込んでも、〝貴社のものはエネルギーを主体にしているので土壌改良にならない〟といわれる。

「現実を調べてください。これを使えば実際に土壌が改良されるのです」

といくらいってみても、彼らは今まで土壌改良剤という商品にだまされ続けてきたので、すぐには信じない。どちらにしても、実績を積み上げるしかないのである。

町の試験栽培は次々と結果をだし、どれをみても化学肥料より堆肥とムクダイを使用したほうが収量も品質もよいことがわかる。

定期的な見学会でタマネギの栽培者の畑に行った時のことだ。

タマネギはまだ草丈が30センチだったが、ひとつの畑でムクダイ農法と慣行農法に区域がはっきりわけられている。耕作面積も株数も植えた間隔も、両者はまったく同じで、よく手入れがされた畑であった。

誰もがムクダイ農法と慣行農法を比較してみることができる。2つを比較するとムクダイ農法のほうが草丈が短く、色も少し薄く、一見して元気がないようにみえた。

タマネギの玉は土の中にあるので、その様子はわからないが、上に出ている草丈だけで判断すると、玉も小さいのだろうと誰もが思うかもしれない。

しかし、私は反対の考えだった。なぜならムクダイ農法はどんな作物でもまず根を成長させ、それから草丈の成長となることを知っていたからだ。

誰かが大きな声で、

「ムクダイのほうが悪いな」

といった。

「タマネギは葉を食べるのではないから、葉はあまり関係ないのです」

私が答えたら、

「そうだ。葉は食べないよな。同じ草丈のものを抜いてくらべてみよう」

みんなもその意見に賛成し、普及所の人が同じ草丈のタマネギを選んで抜いてみると、私が思ったとおり、ムクダイの農法のタマネギの根は太く長く、多かった。明らかに誰の目にも、その違いははっきりと確認できた。

「根がこれだけ違うということは、土が力をとりもどしつつあるということでしょう」

と私がいうと、農協の職員が、

「最後までやってみないとわからないよ」
という。

タマネギを植えている農家の人が、役場の課長さんに、
「慣行区は草取りをしていて土が固く指が痛くなるけれど、ムクダイ区のほうは土が柔らかいので楽です」
といって、タマネギ畑の土について説明をしているのを聞き、みんなそれぞれ土をとって見くらべている。

参考までに抜いたタマネギを持ち帰り写真を取って経済連に持参したところ、三日もたっているのに、ムクダイ区のものの葉は立っているが、慣行区のものは根元から折れていた。この状態は根の差に比例していると思い、私は根がもつ植物を育てる親の働きをみたような気がした。

やがて収穫日になった。農業改良普及所の職員がムクダイ農法と慣行農法の畑から、ランダムに10本づつ選びだし、草丈と茎丈の測定をしてその後に収穫した。

改良普及所が調査した数字からみても、ムクダイ農法は一個当りの平均重量などが、申し分ない。色や形もよく、非常に評価が高かった。

とくに目立ったことは、その後、慣行農法のタマネギ大半が腐りだしたが、ムクダイ農法のものは一つも腐らないという事実である。

ムクダイを使った他の作物の結果も、ほとんどこのタマネギと同じ結果になった。不思議なことに、慣行農法より悪い結果になったものは皆無だ。

ジャガイモをつくった農家の人などは、

「ムクダイだけは実際に種をまいて育ててみないとわからない」

と呟きながらも、満足そうだった。

またナスやキュウリをつくっている人たちも同じように、

「最初はまったく信じられなかった。しかし実際にこんなふうにつくってみると、よくわかる。土がよくなることでこんなによい結果になるとは、思ってもみなかった」

と口をそろえて話してくれる。なんだかまるで自分がよいことをしたような気になる。食べてみても、誰もがとても味がよくおいしいといってくれる。

時間がたつにつれ、次から次へと結果がでてくると、ムクダイ農法を馬鹿にしていた農協関係の人が、誰一人現場の立ち会いに来なくなった。農家の口コミでムクダイ農法の効果は広まり、やがてNHKが役場に取材の申込みに訪れ、ついにムクダイ農

佐伯町のタマネギ

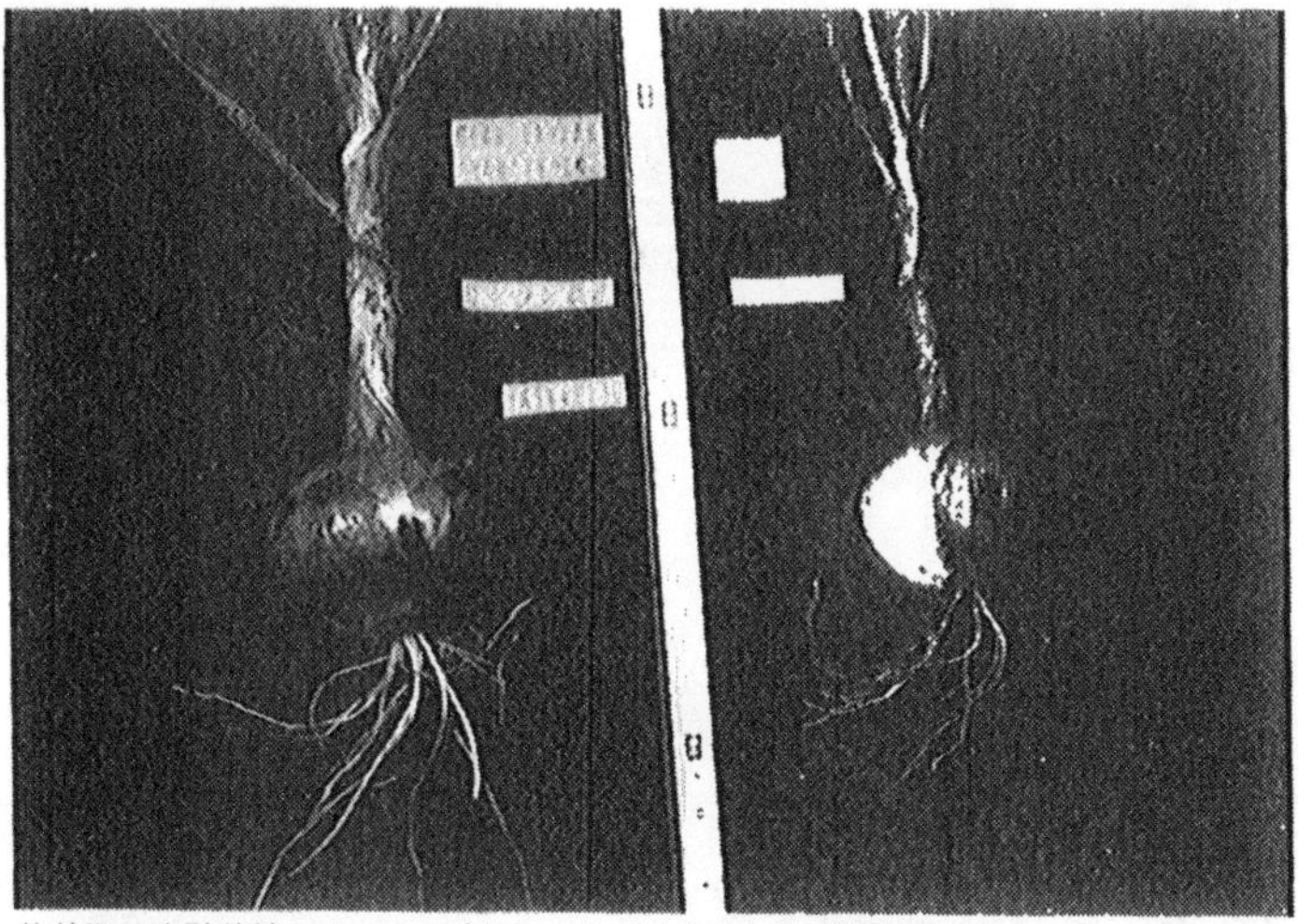

佐伯町の実験栽培のタマネギ（左かムクダイ農法、右が慣行農法）

	草　丈	茎　丈	玉直径	1個あたりの重量
ムクダイ農法	69cm	7.1cm	7.2cm	108.51g
慣　行　農　法	59.1cm	5.3cm	5.6cm	67.02g

佐伯町の実験栽培の収穫を比較したデータ

法の現状が全国に放映（平成3年7月30日）されることになった。

私は一つの事実が理論や理屈よりも強いことを知った。

論より証拠というわけだ。

農家が、ムクダイ農法でやれば畑に地力がもどるということを理解してくれるようになった。

ムクダイ農法で小松菜を栽培している農家から、ある時電話がかかる。明日から収穫をするという知らせで、従来より7日も早いので、見に来ないかということだった。栽培農家の話を聞くと、小松菜もタマネギと同じような経過で種を蒔いて、5センチほどになるまでは色も薄く、葉の伸びも短かった。見た目には悪いようにみえたが、根が出てきてからは葉の伸びも慣行農法に追いつき、ついには慣行農法を追い越したというのである。

農家の人が本当に不思議に思っているのは、成長が早いということではなく、病気にかからないということだという。これは農家の人がNHKの取材に対して、しきりに話しているのを聞いてわかった。彼らは腹の底から驚いている様子だった。

「小松菜を間引くと、従来は根のところが黒くなるものがかなりできたが、ムクダイの畑には1本もできない。こんなことは今だかつて一度もなかったことです」

農家の人がそう話してくれた。

根が黒くなるのは、立ち枯れ病であり、フザリューム菌が原因。土が弱りバランスが崩れると、必ず有害菌が繁殖してくる。

3回目の収穫の時、また見にいってみた。

「あなたがいうように本当に土がよくなっているのを実感します。間引く時もそうだが、収穫をしていて、いつもなら根と茎の境が黒くなる病気にかかっているのが何本かでてくる。そこで黒いところの葉をむしりとらなければならなかったのだが、ムクダイ農法ではそれが全然でないので、不思議ですわ」

そういって相手は笑った。

実際にできた小松菜の味を確かめよう、ということになり、ムクダイ農法と慣行農法の小松菜を株式会社サンヨーフーズというコンビニエンスストア（弁当やお惣菜を作っている会社）に持ち込んで、味のテストをおこなった。

ムクダイ農法の小松菜は慣行農法に比べて甘く、柔らかで、舌に残らないという結果を得た。調理人にいわせると、ムクダイ農法の小松菜は熱湯で数秒ゆがくだけでよいが、慣行農法の小松菜は数十秒ゆがかなくてはならず、ゆがくと色が少しあせた。

報告を聞き、経済連の人が小松菜のカルシウムやビタミンの含有率を分析したが、両方とも大きな差異はなかった。彼らが以前主張したように、三元素が十分でないのにもかかわらずである。


ムクダイで栽培したものは、今問題になっている農薬や化学肥料を使わないでつくったもので、当然商品価値は高い。まったくの自然栽培野菜といえる。

その後、自然栽培の小松菜として、広島そごうデパートで販売されるようになった。店員の話だと、お客が安心して買うことができるらしく、一時間足らずで売り切れてしまい、大好評だったそうだ。

小松菜はハウス栽培であり、薬害によって、できが悪くなるという農家がたくさんある。実際に見にいってみると、畑がムラになっていて、3分の1はまったくできが悪く、他の3分の1は少しよいといったくらい。参考のために連作が何年目かと聞くと、5年目という。

ある時ハウスのホウレンソウをつくっている農家から、来てほしいといわれていってみると、やはり5年間連作をして薬害がでてしまい、出荷ができないという状態であった。

「まだ私のところは良いほうなんですよ。他は5年から8年すると畑は使えなくなる。だから、また別のところにハウスをつくっているんです」

私からみればその畑の土は、もはや死んでいるとしか思えない。

「いくら肥料を入れても、これほど畑を酷使し土を死なせてしまっては、無理です」

「わかっているのです。薬を使いすぎたから土の力がなくなったのです」

彼はそうあきらめたようにいった。

「農協の人は土を駆除したほうがよいといっていますが、どうかと思います」

と呟いた。

「今年も駆除したのでしょう。農協の人はその点をどういっているんでしょうか」

ときいてみたところ、

「できるとはいっていません。やらないよりは、やったほうができるというだけです」

これは無責任な話だと思った。農協の立場からいえば、少しでも多く出荷させたい。だが、もはや土が限界にきていることは、誰の目にも明らかなのである。

農家の立場になれば、なんとしてでも、ここで土の力の回復に全力をあげなければならない。そうしないといずれ近い将来には収量が落ち、畑も使えなくなる日が来るだろう。

「地力を回復させること」が、これからの農業にとって急務である。

道具は使い方で決まる

最近、地球を救うとか、環境汚染を解決する、この発明で世の中や人類が救われるといった類の本が出版されて、ベストセラーになったりしている。が、物で地球が救えたり、環境汚染が解決できたりすることはありえないのではなかろうか。

物は、あくまでも道具であって、使い方によって、悪にも善にもなるからである。薬も使い方では毒にも薬にもなる。要は使う人の心次第である。

ここでは、「食の危険性」、農業がかかえる問題を打開するため、今どのようなことが行われているのかを述べていきたい。

しかし、そういった打開策を調べていくうちに、また新たな問題にぶつかってしまう。「食」や「農」がかかえる問題は、実に根が深いということを今回改めて思いしらされたのであった。

真実はどこに

ＥＭ菌＝「有用微生物群」。最近私のところにこのＥＭ農法について聞きにくる人が多くなった。はじめの頃は一般に市販されている菌類と同じだと思い、

「使ってもよいし、使わなくてもよい。どちらにしてもそんなに大きな問題ではないでしょう」

と簡単に答えていた。なぜならば、菌はあくまで菌であって、金になったり銀になったりするわけがないからだ。

ところが、ＥＭ菌が金になったり銀に化けはじめた。私もあれこれと調べてみたが、ＥＭ菌は琉球大学のＡ教授が光合成細菌を中心に80種類の微生物でつくったものである。Ａ教授はこのＥＭ菌が地球を救う大変革のカギといい、食料、環境、医療問題がこれで解決できるといっている。果たしてそうであろうか。

ＥＭ菌が有用微生物といっても、何に、誰に、どんな時に有用なのかがはっきりしていない。ふつうの畑には10アールあたり７００キロの土壌生物がいる。カビが75パーセント、細菌が20～25パーセントを占め、土壌生物は５パーセント以下だ。このような状態のところにたった80種類のＥＭ菌を入れてみても、教授の主張されるように大変革を起こすとはどうしても考えられないのである。

そのうえ、土にはその土に適した土着の菌がおり、いくらよい菌だからといっても他からもってきたものと、土着菌との間で争いが起こる確率が高く、うまく共存することは難しい。

これは人間社会におきかえてみるとわかりやすい。

日本は、日本人が住むのに適しているから、土着民として生活文化を築けたのであって、よく働くからといって外国人を日本に連れてきても長くは続かないことが多い。文化が違い、食が違い、生活習慣が違えば、ストレスが大きくなり、耐えられなくなってくるからだ。

自然はよくできたもので、土の中でもその場に適合した生き物が集まり、コロニーをつくる。それが土着となり強い勢力をもつのだ。いいかえれば、土着菌ほど強いものはないということだ。その中に、EM菌という新参者を入れたとしても、同化して生き続けるのは難しいだろうということは容易に想像できる。

生ゴミにEM菌を入れると発酵して良質の有機肥料になり、しかも悪臭が出ないという。EM菌はオールマイティのように思えるが、発酵と腐敗は一緒であり、腐敗すれば腐敗臭が出るのがふつうで、発酵と腐敗臭除去を同じ菌が同時におこなうことは神業にも等しいことだ。

生ゴミを腐敗させるためにEM菌を入れなくても、土着菌だけで十分発酵して有機質肥料となる。EM菌で生ゴミを発酵させたからといって、生ゴミが腐ったというだけのことであり、またEM菌で腐らせたからといって、高価なものに化けるわけではないのである。

参考にEM菌に関する試験の状況を紹介しよう。


(日本の土壌肥料科学会主催シンポジウム講演資料より抜粋)

栃木県農業試験場の部長の話。

「EM菌に関して化学者の集団がその効果をいいきるのは、相当強烈なインパクトが

ある。少しでも真理があればこうした結論は出ないであろう」（農業共済新聞）

私も全く同感である。各試験場の結果もさることながら、私は実際使っている農家を観察してそう思うのである。

それのみならず、ＥＭ菌が農業だけでなく人体にもよいといって飲んだり、癌に効くといって飲むのはどんなものか。

たかだか80種類の微生物が万能であるわけがないし、この世にオールマイティは存在しない。人間の弱さで一度信じてしまえば、常識では考えられないことが平気で通用してしまう。

もっともらしい理論や理屈をいえば、生ゴミでも金のように思えたりする。ましてや『地球を救う大変革』という本で、ＥＭ菌は奇跡を起こす菌であるとか、農業を根本から変えるものだと書いてあれば、農家の皆さんが喉から手がでるほど欲しがるのも当然であろう。そして、事細かに技術的なことまで説明しているのであるから、信用するのはあたりまえである。

この本が出版されたことで、ＥＭ菌の知名度はどんどん高くなっていった。

自然界からみれば、EMという有用微生物は小さな存在にすぎないのだが、あたかもその存在に価値があるかのように、しかも権威ある人がその価値を書くから、人々は錯覚するのである。わずかな微生物の微々たる力で、自然界の問題が解決できるほど、自然は簡単ではない。

今、私のところにEM菌関連の話で伝わってくるのは、ほとんどが悪い結果だ。例えば、6年前にEM菌を商売にしていたある宗教関係の人が、農家にEM菌を使ってもらったが、その結果が悪く、クレームが出ているのでいろいろと相談しながらやっているという。そして、

「A教授のいうとおりにすると、必ず失敗するので、今では私なりの農法で農家を指導しています」

とその人はいう。

EM農法を採用している農家は全国でおよそ2万軒といわれてるが、そのほとんどで問題が起きているようだ。実際に、EM菌を使えば肥料や農薬を使わなくてもよいという言葉を信じて使い始めたが、芽や花、実がつく頃には枯れてしまったということもあったらしい。

また、A教授が出版された『EM産業革命』という本の中に、「EMでかわる地域くらし」という項目がある。そこには、岡山県船穂町が農家の堆肥プラントをEM菌の力で資源としてリサイクルをすると書いてある。

ところが、1億数千万の税金をかけてつくったそのリサイクルプランは役に立たないとして、住民がプラント建設費1億2千万円を返すよう岡山地裁に訴訟を起こしたのである。

訴えによると、EM菌は生ゴミを発酵させ、有機堆肥に再生させるといわれているが、化学的根拠がなく、効果も見込めないとしている。

山口大学農学部の丸本教授は、

「堆肥をつくるうえでEM菌を加えても加えなくても結果は変わらないことが、複数の研究者の実験で明らかにされている。船穂町のプラントも同様ではないかと推察される」

と話している。

実際に現場に行くと、悪臭は出ないといわれているのに臭くてたまらないし、できた堆肥も腐敗臭がするので誰も使っていない状態だった。

この船穂町の件に関して、プラントができあがるまえに、住民の代表が私のところに相談にきていた。たかだか80種類の菌で悪臭も出さないで発酵させ、そのうえ作物に使えば肥料も農薬も使わず、作物がよくできるということは考えられない、と説明した。が、その時は町長自身がＥＭ菌に熱心でどうにもならなかった。

私は参考までに、「週刊朝日」の（95年10月6日発行）〝「ＥＭ農法競争」信ずるものは救われる?。畑のイニシェーション〟という記事のコピーを渡した。そこにある東京農大の研究グループの試験結果の写真を見せながら、

「東京農大のこの実験結果をみればわかるでしょう」

といって、

「ＥＭ菌はサイエンスではなく〝宗教〟みたいなもんですよ」

という後藤教授の言葉を紹介した。

どちらにしても農業は結果で判断するしかない。理論、理屈では農業はできないのだ。

土は生きている

微生物（菌）だ！　酵素だ！　何々の水だ！……という具合に、次々と出てくる新しいものを信じて実践している人が世の中にはいる。

たしかにそれらは必要な要素に違いない。だが、自然全体からみればほんの一部にすぎず、人間の知恵で理解できない未知の部分がまだたくさんあるはずである。

ふつう、人は土をただ単純に鉱物の粉末の集まりとみているが、それは間違いである。土は有機物を含み、その有機物は動物の排泄物や死骸、多くの微生物で成り立っている。

土に住んでいる微生物は数多く、1グラムの中に数百万匹から数千万匹にのぼる。なかでも多いのは細菌類やバクテリア。土の中にはその他にもセンチュウ、ミミズ、クモ、ムカデ、モグラ、ネズミなどが住んでおり、地上と同じように調和のとれた共同生活をしている。

これらはそれぞれ違った仕事を分担したり、時には張り合ったり、あるものは殺し合いをしたりして、土という小宇宙の中で生きているのである。

そのなかでもとくにミミズは土といっしょに腐食化してない植物の死体を食べ、有機物の混じった肥えた土にして排出する。腐食物を食べながら動くので、土に隙間ができ、水はけや空気の通りがよくなる。ミミズは土にとって貴重な存在なのだ。

ミミズの種類は約220種類。好きな食べ物はニンジン、キャベツ、セロリ、肉やバター、ミミズの死体、牛馬のフン、腐葉など。口が小さいので2ミリ以上の砂や固いものは食べられない。繁殖期は春と秋で、雄雌の性器が1匹の身体の中についているため、一方が頭を他方の尾に向けて交尾し、お互いに精液のやり取りをする。

ミミズが畑に繁殖することは、土が良くなることを意味する。と同時に作物が健全に成長することにつながる。作物が健全に成長するには光、温度、空気や、水、養分が十分に必要であり、水と養分は根が吸収し、同時に根は呼吸もするので、空気中の酸素も必要とする。

このように大切な役目をもった根を順調に伸張させるには、根が住みやすい土の環境、つまり養分、水、酸素を不足なく供給することと、そして根を痛める有害な物質が含まれないことが、条件である。またこの条件を満たした土壌を、私は地力がある土とよんでいる。

地力とは、

「作物に必要な水、養分、酸素が供給でき、微生物の活動が旺盛であり、作物に有害な病原菌の繁殖がなく、強健な作物を育ててくれる土の力」である。

その結果、連作障害が防げて、肥料の効果がよく出て、病気になりにくく、その上倒伏などの被害が少なくなる。

基本的にはミミズのいる土はよい土だ。農薬や化学肥料を使ってきた土にはミミズはいない。農薬漬けの土には、ミミズが住めないからだ。

どんなに小さなミミズでも、1匹によって耕される土の量は10アール当たり年間に38~55トンといわれる。とくに酸性土壌の改良にはミミズの活動は大変効果的なのだ。ミミズには骨がなく、環形動物なので排泄物にカルシウムなどが多く含まれており、微生物が消化しやすい形になるので、腐食化が進み粘土物の排出とともに土を団粒化するのに役立っている。

また、土の中での肥料の行方をみていくと、微生物を抜きには考えられない。微生物には肥沃な1キロの土の中にある尿素を、1日で(地温30度の場合)0・1~0・5グラム分解しアンモニアにかえる能力がある。尿素はウレアーゼと呼ばれる酵素で分解され、アンモニアとなり、さらに土の中のアンモニアを硝酸に変える硝酸化成菌によって、尿素は硝酸へと姿を変える。この硝酸化成菌、1億匹で（地温30度の場合）、1日約1、2ミリグラムのアンモニアを硝酸に変える力を有している。

微生物のこうした微妙な働きを考える時、

「土は生きている」

ということを実感する。

土の中には一つの生態系がある。

それは人間には見えない世界であり、その世界の存在を知らない人がこの世の中には多すぎるように思う。

土の中でも、生きるものはそれぞれの役割を果たし、共存共栄を図りながら調和を保って生きている。この生きた土の世界を知っていたら、人間はここまで土を傷め苦しめることはなかったのではないか。人は、本来それほど悪い存在ではないはずだ。

ケイ素化学の多面性

先日、船井総合研究所の船井幸雄会長とお会いした時に、環境と農業が話題になりいろいろと話をしたところ、私が進めてきた理念と同じであり、また、あちらのスタッフの方々も日本の農業について真剣に考えておられることに感激した。

その船井総合研究所のワークショップの講演を依頼され、「新しい農業技術」というタイトルで話をした。

新しい技術とは今までの延長線にあるものでなく、元素レベルから変えるくらいのものでなければならないと思う。現在の日本の薬品メーカーのように、外国の発明したものの化学式を少しだけ変えて新薬とするようないわゆるゾロ薬ともいわれているくらいの改良では、新しいものとはいえない、ということを話した。

しかし、長い間、専門分野でやってきた人に根本からの発想の転換は難しいのではないかということも想像に難くない。

そういった風潮の中にあっても、私たちの研究に賛同してくださる人たちもいる。「ムクダイ」を家庭園芸用にして売りたいと言ってきた会社があった。私としては、農業関係者でさえあまり認めていない製品であるから、家庭用として売り出すのは危険ではないかと忠告をしたが、その会社は思い切って製品化して生協の流通経路に流した。当初、生協の人もあまり多くは望めないと言っていたそうだが、みんなの予想に反してよく売れている。2年経った今も、生協の売上げベストテンに入っている。

使った人からも、

「今まで咲かなかった花が咲いた」

「弱っていたのが元気になった」

「元気に成長するので嬉しい」

と好評を博している。おもしろいもので、専門知識のない主婦たちは、よく出来るという結果を重要視する。難しいことはわからないが、肥料や農薬を使わなくても、自分が育てているものがうまく実れば、その結果を素直に受け止め、他の人に話をするのだ。この口コミパワーが、生協での売上げにつながっている。農業の専門家たちが、従来のやり方に拘泥している間に、農業素人《しろうと》である主婦たちが、ずっと先にいってしまうことも、そう遠い話ではないかもしれない。

口コミといえばケイ素の多面的な力を応用した種々のものの中に、抗菌剤がある。

これは医薬許可がおりていないが、実験的に使っている病院もある。いま話題になっている院内感染（MRSA）は抗生物質で治りにくくなっているらしい。ところが、当研究所開発の抗菌剤を使うと、2週間で完治して退院できるという成果をあげているらしい。また、喘息やアトピーで困っている人も実験的に使い、かなりの効果をあげているという。

残念ながら、現段階において、ケイ素のもつ抗菌作用を科学的に証明することは難しい。まだまだ現象が優先していて理論のほうが後になってしまっているのだ。

最近、本物の時代がきたということをよく聞く。本物とはどのようなものだろうか。私は、本物とは理屈や理論ではなく結果であると考えている。いくらよい理論があっても、そのものを使った結果が悪ければ本物であるとはいえないのではないだろうか。先ほどの主婦たちのように、素直に結果を受け止めるという姿勢が今の専門家たちには必要ではないか。今、自然科学研究所では、

「活性ケイ素を使った農法」が本物であることを示すために、茨城県のつくばに「ムクダイ農法」の技術センターをつくろうと考えている。このセンターができ、多くの人に結果を示せれば、ケイ素化学のさらなる発展につながるのではと考えている。

少しずつでも実績を積んでいくと、時間とともに使ってくれる人が増え、農業指導員も興味を持ちはじめ、連作障害で困っている農家に使わせたりするようになる。

例えば、農協の指導で土壌活性剤「ムクダイ」を使った結果が、日本農業新聞（平成6年12月10日）に発表されたことがある。JA能美島が発表した記事をみると、その効果のほどがよくわかるだろう。

『JA能美島はトマトの難病アオガレ病対策に、土壌活性浄化剤を使って高い効果をあげている。これは活性ケイ素を使って、低下した地力を回復させるのがポイント。今年JAが2か所で試験した結果、「アオガレ病は完全に抑えられた状態になっている」という。これによってコストがかかる従来の土壌消毒や、接ぎ木に頼らなくても自根苗で栽培ができるようになるものと、産地では大きな期待を寄せている』

この記事のおかげで、ケイ素化学に注目する企業や市長村が問い合わせてくるようになった。（次頁に2年後にも発表された新聞記事を載せておくので参照されたい。）

炭素ではできないことも、ケイ素の世界では可能になることはよくある。

先日、フィリピンからアメリカの海軍基地返還にともなうスービック地区の環境保護の件で呼ばれた。現地の人たちと今後の環境保護について意見を交わした後、高知

日本農業新聞（平成８年８月16日付）

青枯病の発生がなく、元気に育つトマト

トマト 青枯病克服に土活剤

活性ケイ素が高い効果

自根苗で栽培ＯＫ

広島・ＪＡ能美島

広島県のＪＡ能美島は平成六年からトマトの難病、青枯病克服に活性ケイ素を使った土壌活性剤を活用して高い効果を確認している。コストのかかる土壌消毒や接ぎ木苗に頼らなくても、自根苗での栽培ができることもはっきりした。ただ、土壌活性剤の使い方がやや複雑で「几帳面な人は使いこなせるが、そうでない人は効果が現れにくい」（同ＪＡ営農課・黒川政好主任）課題もある。

土壌活性剤を使う方法は「ムクタイ農法」と呼ばれ、広島県呉市にあるトーワエンタープライズ㈱＝☎０８２３（２０）１０１５＝が開発した。

同ＪＡでは、昭和三十年代からトマトの栽培が始まった。今では、五十人が約三・五㌶の施設で栽培を続けている。青枯病は、五十六年ごろから発生して産地の悩みの種だった。

同社の勧めで、平成六年から土壌活性剤を使うようになった。同ＪＡのトマトは、一月に定植、七月いっぱいが収穫時期の作付け体系なので、定植前から土壌活性剤を使った。

「ムクタイ農法」は、三種類（ムクタイＳ、同Ｐ、同Ｌ）の土壌活性剤を使うのが基本。大まかには、定植前の土づくりに液体のＳを土壌に直接散布する。粉体のＰとたい肥を混ぜたものをできるだけ多く土壌と混ぜる。定植後すぐに、Ｓを葉面散布する。以後液体のＬを葉面散布する。葉面散布はトマトをよく観察して実施する。

これまでの使用で、トレンベットでの栽培では、土壌活性剤が青枯病対策にはならなかったが、直接ほ場に植え付けているものには、顕著な効果があり「一年目から目に見えて効果があった」（黒川主任）。

二年続けて土壌活性剤を使ったほ場では、青枯病の発生はなくなった。コストがかかり作業の大変な土壌消毒や接ぎ木苗を使う必要がなくなり自根苗での栽培ができるようになった。

費用面でも十㌃当たり四万〜五万円で、接ぎ木苗を使ったり、土壌消毒をすることを考えると「高くはない」（黒川主任）との判断だ。

ただ、三種類ある土壌活性剤をうまく組み合わせて活用しないと、効果が出ないことも確か。使いこなすことに課題が残る。

同社営業チームの隅田耕次チームリーダーは「使い方を理解してもらえる、核になる人のいる地域から徐々に普及している。代理店を活用しての量販は考えていない」と話している。

県知事の橋本大二郎氏と食事を共にし、知事の環境に取り組む姿勢や、高知の農業に対する理念をうかがった。そのとき、フィリピンという土地柄、ピナツボ火山灰問題に話がおよび、何とか火山灰を活用する方策がないものか、現地の人から知事が相談されたという。

世界中で火山灰は自然公害とされており、有効な利用ができていないのが実情。相談されてもすぐに答えが見つからず困っていると、同席されていた東洋建設の人に、

「先生は科学者ですし、ケイ素を研究されているとうかがっております。ケイ素で試験して火山灰を利用できる画期的な方法を提案してください」

といわれてしまった。

私はその場の雰囲気から、むげに断わることもできないと思い、

「できるかできないかわかりませんが、試験だけはやってみましょう」

と答えた。

それから数日してフィリピンから火山灰が送られてきた。何も期待せず、試験をしたのだが、結果は、私も驚いたほど。自分でも「これなら火山灰を資源として利用できる」と確信できるに足る内容であった。（詳細については、別の機会に譲る）

また、こんなこともあった。ある人がニンニクを食べると後で悪臭が出るので休みの前しか食べられない。なんとかならないだろうかと相談にきた。

ニンニクは食べる時の、あの独特なにおいと刺激があってこそ価値があるのだから、食べる時は同じ状態で、食べた後で悪臭をださないようにしなければ意味がないのでは、と考えた。

そんな都合のよい話はないかと思いながら、遊びのつもりで研究してみると、不思議に食べる時はまったく味もにおいも刺激も変わらずに、食べた後、悪臭が出ないようにすることに成功した。全く予想外であった。

無限の可能性を秘めているケイ素。

試行錯誤をくり返しつつ、そのケイ素化学が、今の炭素中心の化学と勢力を逆転する日は、そう遠くないかもしれない。

第2章

今のままでは「食」が危ない

内外の農業事情

私はこれまで、「ムクダイ農法」でいかに土が回復し、野菜や果物が本来の成長をとげてきたかを述べてきた。それは、このままでは、日本、いや世界の農業が土を殺し、ひいては人や植物そして地球を殺してしまう方向にいってしまう危惧を、痛感するからだ。

今、日本の農業はどのような実態なのかを、みていきたいと思う。

戦後からの農業

戦争中の飢餓から解放された日本人は、飢えた獣のように食を求め、満腹感、美食を求め、外観美を求めて自己満足をするようになった。

現在の日本人の大半が美食を趣味として生きているように思うが、私たちは、毎日口にする食物について、一体どれくらい知っているだろうか。

見た目の美しさと美食になれきった私たちには、現在の「食」の危機がわからないのである。

人間の健康の80%は、口から入る食物に左右される。たとえ危険だからといっても、何も食べないでは生きていくことができない。

戦後各国が食料の増産を始めるようになり、とくに戦勝国のアメリカは自国の広大な土地を利用して穀物を増産し、穀物で世界征服しようと考えた。その結果、尿素を中心とした化学肥料を大量に生産し使った。また、機械を導入することで大量生産を可能にした。化学肥料は決して作物に悪いものではなく、作物からすればよい餌なのである。餌を与えると簡単に成長する。ところがこの簡単に成長するということが、間違いのもとであった。

例えば、葉の色を濃くしたければ窒素を多めに与えればよい。植物は心をもっていないので、素直に人間のなすがままになるが、自然の摂理からいうと実は決してよいことではない。本来は土が植物を育て、人間が土を育てるのが自然なのである。

しかし化学肥料ができてからは、土を育てることを忘れ、簡易な化学肥料に頼りきってしまった。その結果、土の存在を軽視するようになり、自然の循環は絶たれていったのである。やがて土の力（地力）は低下し、作物は自然環境についていくことができず、病原菌に侵されやすくなった。作物が病原菌に侵されれば、その病原菌をまず殺さなければならない。そしてなんと、戦争中に人間を殺す化学兵器として研究され、大量に生産されていた薬品を「農薬」と名前を替えて使用し始めたのである。

言葉とはおそろしいもので、「農薬」の「薬」という字に安心し、誰もが危険なものと思わずに使っていったのである。

例えば、病原菌が死に、病気が治るから、

「よく効く薬だ」

と、あたかも人が薬を服用するように、農薬をよいものだと決めて何の危険性も感じず多量に使いだしたのである。

だが、よくよく考えてみれば、「農薬」や「化学肥料」は、すべて石油から作られている。環境破壊につながるもとになるはずだ。

戦前の農薬は、農民が自分で有機質を腐らせたり、あるいは人糞などを使って堆肥を作り、それを肥料にして使ってきたが、今はそんな面倒で手間のかかることはしない。収穫をふやすために化学肥料を使い、病気になれば農薬を使い、虫がつけば殺虫剤を使えばすむと短絡的に考えている。

人間にとってはこの方法は楽でよいのだが、土にとっては大変迷惑なことだ。土を人間に例えてみると、それがよくわかるだろう。

毎日消化の悪い物を食べさせられると、胃が痛み下痢をする。脱水状態になり体力は落ちていく。やがて動くこともできなくなり、病院のベッドで点滴を受けながら生きているような状態になる。

悲しいことに、土の中には近年の化学合成物を分解する微生物は、まだそんなに多く存在しない。だから、どうしても土の中に化学合成物が堆積してしまい、地力が落ちて連作障害を引き起こすのである。土にとっては、消化の悪い物を大量に食べさせられている状態なのだ。

戦後、日本は物資が不足し、敗戦という精神的ショックと貧困から、誰もが物、金を求めだした。農業の世界にしても同様に、物・金中心の農業に進んでいったのである。要するに、いかに楽をして早く芽を出させ、花を咲かせ、実を実らせて、少しでも多く金を得るかという風潮になってきたのである。

戦後50年間、農業者は変わったが、それ以上に耕作地の大半が地力を失い、瀕死の重傷になり様変わりしてしまった。連作障害で収量は落ち込み、農薬と化学肥料で人間の健康を害し、環境汚染を促進して、地球を苦しめているのが今日の現状である。「地球は病み、もはや人類の繁栄はない」とよくいわれるが、私はそうは思わない。万物の霊長である人間が誠の心をもって生きると同時に、その心で環境保全の研究に向かえば、必ず真の技術が生れてくるはずである。「心」と「技術」で必ず解決できると、私は信じているのである。

米中の農業事情

環境破壊、地力の低下による生産量の落ちこみは、日本だけでなく、世界各国でも同じ事情である。

アメリカで一番問題なのは表土流失。化学肥料万能主義で、土を育てようとしなかった農業のツケが表土流失となり、耕作面積の年々の減少という形となってあらわれてきた。

もともとアメリカには肥沃な土地が多くあり、昔は、作物が育つためには欠かせない表土が50センチ以上もあったといわれていたが、表土流失により、現在はあと5センチ足らずという砂漠同様の状態になっている。再び50センチの表土ができるにはどんなに早くても百万年はかかる。アメリカはたった二〇〇年で、百万年を使い果たしたことになるのだ。

現代の日本人のほとんどは食料難を体験したことがないから、食料危機といっても実感がわかないだろう。美食に耽り、無駄を平気でおこなっている時に、いくら食料難が来るといっても無関心になるのも無理はない。しかし、日本ではまだ身近に感じられない食料難が、世界規模ではすでに目前に迫ってきているのである。

穀物生産大国のアメリカでさえ、生産量増加は絶望的であり、むしろ年々10％程度減り続けている。もはやアメリカは世界を養うだけの生産量も力も、失くなってきているのである。

数年前、中国天津の科学院から、私のところに二人の研究者がいらしたが、中国でも日本と同様に、連作障害による生産量の減少が起こっているとのことだった。農家の収入が減り、生活が苦しくなり、その結果、都会へと働きに出てしまう人が増えているという。

中国に本格的な食料危機が来れば、日本を食いつぶしにくるのではないかと、心配にもなる。なぜなら中国は穀物の輸出国であったが、今は輸入国になっているからである。

中国では、小麦は、'93年642万トンの輸入であったが、'95年になると1159万トンと倍になり、コメにいたっては、10倍以上の輸入量となっているのである。さらにトウモロコシはそれ以上というから驚く。なぜ、トウモロコシをそれほどまでに輸入しなければならないのかといえば、中国の食文化では、食肉の中で豚の占める割合が80％にもなるからである。だから、その餌となるトウモロコシの需要が多くなるのは当然である。

ニワトリは体重の2倍しか消化しないし、牛は草食だが、豚はなんと自分の体重の5倍の穀物を食べるのだ。中国の穀物不足の原因の一つには、この食文化があげられ、現在では穀物の不足は600万トン、その供給不足は輸入に頼るしかない状態だ。また、人口増加による需要超過で供給不足が起こり、中国だけではなくロシア、インドなどでも同様の現象が起きている。

では日本ではどうであろうか。現在の日本の穀物の自給率は30％。ヨーロッパは77％以上、アメリカは120％以上、輸入国になった中国でも基本的な自給率は90％を維持しようとしている。他のアジア諸国でも100％になるよう努力している。

これに比べて日本の自給率の低さは、まさに末期状態であることを認識しないと、これからとんでもない結果になるだろう。

「金さえ出せばいつでも何でも買えるさ」

そういった日本人の安易な考えは、もう通じなくなってきている。幸いにも、今まではアメリカという友好国がついていたからよかったが、そのアメリカでさえ今では生産量が落ち込み、いつ輸出禁止をしても不思議ではない状態なのである。

世界的有事がいつ起きてもおかしくない世界情勢にあって、日本人は「食」についてあまりにも無頓着である。

人間の最後のよりどころである農業を衰退させ、自給率を落としながら金儲けをするという時代は、もう終わったのだ。

農業生産のもとは土であり、土が今失われつつあることを、日本人は本当に知らなければならない。

危ない土の現状

現在の田畑の土は地力を失い、死にかかっている。

原因は農薬と化学肥料の多用である。マスコミで報道される記事に、農薬汚染、残留薬品、残留塩類という言葉がよくでるが、これらによって一番被害を被るのは土である。

農薬は、医学用として使われる場合や家庭用殺虫剤や消毒剤など広範囲に使われている。

殺菌剤、殺虫剤、殺そ剤、除草剤、燻蒸剤など様々な種類があり、これらのほとんどが農作物の病虫害の予防、駆除に広く用いられている。

現在は農薬がなくては農業が成り立たないといっても過言ではない。有機塩素剤、有機リンなどは、動物に対して毒性を示すことが明らかになっている。それにもかかわらず「薬」といわれているためか、無意識のうちにいいものだと思いこんで、安易な気持ちで使用しているのである。

ほとんどの農薬は、化学合成物質であり天然物質ではない。微生物によって分解されにくく、たとえ分解されても部分的であり、中には依然として毒性をもったまま長く土中に留まっているものもある。それがいわゆる残留薬品なのだ。わかりやすくいえば、農業はまず植物に無害の濃度溶液として空中から散布される。植物が被った農薬は雨水によってある程度洗い流され、土中に吸収されて土に吸着するものが多い。吸着されたものは微生物によって分解されにくいために、土中に滞留し堆積される。この状態を残留農薬というのである。こうして土壌は汚染されてゆく。

万一誤って多量に散布されれば、人畜ともに有害であり、致死量にいたることもありうる。食物連鎖を通じて生物に凝縮されてくると、人畜とも、知らず知らずのうちに有害な量を摂取することも考えられる。

ただ、人畜よりも先に、土がその洗礼を受け、苦しみもがいている事実を誰も考えないし、考えようともしない。

農薬の使用だけでも注意が必要なのに、さらに収穫を早くするため、化学肥料をどんどん使用する。これもまた農薬と同様に土を汚染し、人畜に早く害を及ぼす。

土の汚染を防ぐことは、地球環境を守ることであることに一刻早くも気づき、今すぐにでも行動に移さなければならないのではないだろうか。土地は植物成育の場であり、人間を含めすべての生きものの生存の場として、自然から与えられたかけがえのないものであるからだ。

それなのに人間は地球の土を人間のためだけに使っている。それはとんでもない人間の驕りであり、非常に危険な考えであることを知るべきである。

私たちは土の上で生活し、土がなくては生活は成り立たない。身勝手な考えで人間の思い通りに利用し続ければ、人間の生活はいずれ崩壊していくことになるだろう。土が汚染されれば植物の成育を害し、あるいは有害な植物を育てて、全生物の存在を脅かすことになる。やがて川や海が汚れ、そこに住む魚たちまで汚染され、最後には人間も汚染されるようになるだろう。

もともと地球の土は約4億年前に現れ、生まれては消え、消えては生まれる流転の歴史を繰り返してきた。そして有機物を含み、空気や水を保持する隙間のある土が徐々に誕生したことで、今日の地上の生態系ができたのである。

土は生物にとってかけがえのないものであり、土がなければ生物の生存は考えられず、生まれることもなかったことをもう一度思いおこす必要がある。

土は人間の生活そのものに深く関係している。その一つが浄化作用だ。生物の死骸や排泄物を土の微生物が食べて掃除をし、再び土に還していく。土には濾過作用とイオン交換作用の働きもあり、水を綺麗にしてくれる役目もしている。

このようにして土は人間のために絶えず働いてくれているのだが、もうそれも限界にきてしまった。

人間が無制限に使う農薬、化学肥料、家庭で使う殺虫剤、洗剤、あるいは工場の廃液などのために、土はその機能を失っている。

とくに有害な金属イオンなどは、土の中の微生物では分解処理ができない。たとえば20万ヘクタールもあるゴルフ場にある成長の早い草は除草剤で殺され、さらに土中の生物は無差別に農薬で殺される。光合成が少ない成長の遅い芝だけが残るのだ。結果として土は死に、地下水までが農薬で汚染される……。汚染された地下水は、飲み水や生活用水として、人々の健康を脅かす。

もはやこのように日本の土は浄化機能を失い、食だけにかぎらず水さえも危険な状態なのである。

出口のない農業

日本の農業の実態を知っている消費者は、少ないのではないだろうか。正直なところ私自身も長年知ることなく過ごしてきた。私が提唱している「ムクダイ農法」のことをＮＨＫが放映してから、全国各地より問い合わせや説明の依頼があった。主だったところへは、私自身が農業の実態を知るためもあって訪問するようにした。

北から南まで実際に広範囲を回ってみて、どこの地域でも農家の人が口にすることは、

「農業はやっても儲からない。地力がおちて連作障害で困っている」

ということだった。とくに作物の病気が多く、薬品代が毎年かさんでくるにもかかわらず、収量が減ってきているということなのだ。

収量が減って経費が多くなれば、当然ビジネスとしては成り立たなくなる。原因は連作障害であることは明らかであり、これを解決しないかぎり日本の農業の繁栄はもはや望めないと、思えるほどだ。

今までは農業関係者だけが日本の農業を考え、消費者である国民は無関心で、ただ

空腹と味覚を満たすことしか考えないできたように思う。

人間の健康は口から入る食べ物に左右されるが、口に入るものを誰がどうして作っているかを考えないで食べている。万一、人体を害するものがあってもわからず、見た目の美しさにひかれ、きれいに見えるものを選んで食べている。それがこの現状を生み出してしまったのではないだろうか。

農家は作物が病気になればすぐに農薬を使う。農薬を使えば使うほど、病原菌には抵抗ができ、さらに強い農薬が必要となり、またその量も多くなる。だからといって、農家が悪いとは思わない。農家も自分の体を悪くしながら、一生懸命作物を病気から守り、消費者が好む作物を供給しようと努力しているのである。

毎年新しい農薬ができるのだが、病気はあいかわらず減らない。人間とて同じことだ。新しい薬が次から次へできても、病人は少しも減らず、かえって増えているほどだ。

薬で病気を完全に治すことはできないし、副作用で新たな病気にかかる場合もある。作物の世界も同じことで、農薬を使えば使うほど病気が増えているのである。農薬を使うとコストがかかり、その上、地力も失われて収量が落ち、収入も減ってくるのだ。

大洋漁業の関係者の依頼で、北海道・富良野のアスパラ缶詰工場に行った時のことだ。

もともと富良野はアスパラの産地なのだが、連作障害で生産量が落ちているという。富良野は観光で宣伝されているとおり美しいところであり、こんな風光明媚な土地に連作障害が起きているとは、にわかに信じられなかった。しかし最初は一反あたり一トンの収穫があったアスパラが、今では300キロしか収穫できないという。農家がアスパラを作ってくれないので、仕方なく今はサンマの缶詰もつくっているのだと、現地の工場長は話していた。

美しい山々に囲まれた工場で、海の産物であるサンマの缶詰をつくっているという事実は、誰にも想像がつかないことであろう。この異常とも思える実情を前に、地元農家や缶詰工場は、あらゆる手段を講じてきたのだが、結局、連作障害は防ぐことができなかった。3分の1の収量では農家の人も他のものをつくったほうが収入がよいと考え、アスパラをつくらなくなるのも無理はない。最近になって、土を深く掘り堆肥をしっかり入れる方法を工場で試みたが、あまり効果はなかったという。

「土の力が弱っているのでいくら堆肥を入れても、すぐには効果は出ませんよ」

私は、とにかく地力をもどすことだ、少しは土を休ませてやらないと何をしても無駄だと答えた。

人間でも、体力が弱って点滴で生きている状態の時に、いくら力がつくからといって栄養満点の肉を食べさせても、それを消化するだけの力がないため、結局体力はつかない。土も同じで、体力を回復させないで食べさせても、消化しきれない。少なくとも5年は休ませて、その間に手入れを十分すれば、ある程度、地力は回復するはずである。しかし農家の人は1年も休めないという。

そういうときにこそ、活性ケイ素を使用するわれわれの方法（ムクダイ農法）をすすめているのだが、同席していた農業指導員がすぐ質問した。

「何か公的なデータはありますか」

ないことはなかったが（参考資料・広島農業試験センターによる資料（P161））、相手の疑いの口調にめんどくさくなって、

「たいしたデータはありません」

とつい答えてしまった。相手は得意顔になって、

「今までに数十社の人が商品の売り込みにきて、あなたと同じことをいわれましたが、

どれも結果はよくありませんでした。まだ私たちがやってきた方法のほうがよかったのです」

と、遠回しに断っているのである。

「公的機関の納得のいく試験データがあれば、すぐにでも試験するのですが、それがないなら時間の無駄です」

課長が付け加えた。

無駄か無駄でないかはやってみなければわからないではないかと思ったが、業者不信になっている人にいくらいっても仕方がないと思い、それ以上はムクダイ農法をすすめなかった。

工場の説明では、アスパラの缶詰は今は中国でつくり、商売的には心配ないという。私は、ひとこと皮肉のつもりで、

「中国も日本と同じ農法をしているようですので、いずれ日本と同じようになりますよ。そうなったら今度はどこの国でつくるのですか」

といった。今までの農薬や化学肥料に頼った慣行農法には未来がないことを知っていたからだ。

また、岡山で園芸店をしている人が、岡山は有機農業が盛んであるから県の農業改良普及所に行こうというので、一緒に行くことにした時のことだ。

担当の方に野菜作りより土づくりをするムクダイ農法を説明して、試験栽培をしてみようかというところまで話がすすんだ時、所長が、

「なかなか立派なお話ですが、理論的にはどうも理解できません。公的な試験データはあるのですか」

「2、3はあります。後からお送りしましょう」

というと、所長はなにが気に入らなかったのか、

「あなた、正式なデータがないと試験はできませんよ。農家を指導する立場上、そんな無責任なことできないでしょう」

と私をしかるようにいう。

「立場はよくわかりますが、他人がつくったデータよりも、自分たちで試験してみるほうがよくわかるのではないでしょうか」

「あなたがいわれる、化学肥料を使わずに同じ収量をあげるということを、そのまま信じろというほうが無理なのではないでしょうか。私は、納得のいくデータを要求し

ているのです」

担当者と時間をかけて話をしてきたのに、そばで聞いていた所長が理解してくれないのかと思うと、腹が立った。化学肥料を使わない農業を頭から否定している所長に、今さら何をいっても納得してくれないだろうと思った。農業を指導する責任ある県の職員でも、このような考えをしている。農業はもう救いようのないものになっているのかもしれない。

「所長さん、あなたは今の農業の状態がわかっているのですか。データ、データといわれますが、それほど必要なのですか。あなたが今までデータにもとづいて農家を指導し、その結果、今のような散々な状態を招いたのではないでしょうか。あなたの満足するデータが本当に農家のためになってきたのなら、こんな悪い結果になるわけがないでしょう。まったく無責任でしょう。権威あるデータや前例のあるものでやっていれば、たとえ失敗してもあなたには責任がこない。しかし真に受けて実行した農家はどうなるのです。あなたたちが今まで指導してきたことは間違いだらけです。人のデータを求めるより、自分で納得いくまで畑で実際にやってみたらいかがですか」

ここまで一気にいうと所長の顔は青ざめ、腹立ちのために顔がゆがんでいた。あまりに出口のない農家の実情を見過ぎたためか、私もすこし言い過ぎてしまった。

「あなたが考えるほど農業は簡単ではないし、日本の農政は複雑で難しいんだ」

と彼は、はき捨てるようにいい、

「忙しいから帰って下さい。あなたのような人と話をしていても仕方がない」

といって彼は別の部屋に去っていった。


私の心は嫌悪感に満ち、一刻も早くそこから離れたくなった。

農家にしても、さまざまな農業試験所にしても、農業に携わっている人たちは、農業について真剣に考えている。それだけに少しでも良い方法があると聞けば、それを熱心に研究し、また実地で試験をしてきたのであろう。しかし、みな結果は芳しくなかった。それは今日の農家の実情をみればわかる。つまり、農業の実態を知りつつ、それを積極的に解決しようとは考えられなくなるまでだまされつづけてきたのである。私のすすめる農法が、今までの研究者や業者がすすめる方法と同じようにみえるのも仕方のないことなのかもしれない。収量が落ちている原因を知りながらも、それを解決する手段をもたず、あるいは手段があっても、それを試す勇気を持てなくなってしまった「農業」に明るい未来はないのだろうか。

農業社会の矛盾

農家の甘え

日本の農業が衰退の一途をたどっている原因の1つに、農村の過疎化があげられる。全国各地で過疎化対策の村おこしが盛んに検討されているが、まだこれといった決定策がなく、暗中模索といったところである。

ある地域の村おこしの集会に、招かれて行った時のことだ。町民が集まって互いの考えを話しながら、いろいろな意見がでた。その結果地域の特産物を新たにつくることで意見がまとまり、オブザーバーの私に特産物として何がよいかと意見が求められた。土地柄から、また白鳥村という村名から、私は大根がよいと進言した。「白鳥大根」。よい響きであるし、大半の人が賛成してくれた。めだった反対もなく決まりかけたとき、若い農業者の1人が、大根は手間がかかるので反対だと発言した。

「大根は泥を落とすために洗わなければならない。その手間がかかる。機械で洗いたいがこの村にはないし、買うと大変だ」

という。

これに同調者が現れて、話はまたふりだしにもどってしまった。

彼らはみな大根を抜く手間、洗う手間を訴え、さらには商品として扱うには重たすぎるという理由で反対しているのだが、私には横着としか思えなかった。

「みんなの意見はわかるが、手間ひまを惜しんでいてはいいものはつくれない。農業ではそんな甘い考えが許されるのか。中小企業などはどこも夜も寝ないで働いて、努力して、誰にも負けないいものをつくろうとしている。この村で作った大根はここの顔になる。愛情を込めて手間をかけて、どこよりもおいしい大根をつくったら、きっと消費者に喜んでいただけるだろう。それが村おこしではないか。楽をして村おこしはできないと思う」

と私はいってみたが、稲作中心の地域では手間をかけず農業ができ、競争してまでよいものをつくろうという気持ちがないのだから、無理もないことだと思った。

しかし、よくよく考えてみると、今の農家では一生懸命丹精込めてつくっても、遊びながらつくっても、ものの評価は変わらない。今の農業生産は消費者にいいものを提供して喜ばれようとか、人よりいい品物をつくろうという気持ちが薄いようである。よくても悪くても国の保護政策で守られた現状では、無理のないことなのかもしれない。

日本の経済社会は、弱肉強食で競争原理によって成長したにもかかわらず、農業は競争もなく平和に過ごしてきたのである。

農業が平和に過ごしている間にも、中小企業は努力を重ね、競争に負け倒産したり、成功したりを繰り返してきた。その現状を彼らにいくら話しても、実感として感じる人はおそらく少ないだろうと思えた。

キュウリを専業で作っている農家が、どこよりもよい物をつくろうとして、設備費をかけ農薬の使用量を減らし、安全なキュウリを作っても、買い手である農協がぜんぜん評価してくれない。それどころか会社勤めをしながら片手間に作ったキュウリと一緒になって出荷されるのを見て、彼らは生産意欲を失くすのである。

農家は食の安全についてまったく配慮がないわけではないが、なによりも消費者の求めるものをつくろうとする。それでないと、出荷してもらえないと生産者はいう。

消費者は目で見える形、色、大小などを求めているので、安全に配慮するより見た目のよさを重視したほうがよい。

安全で見た目のよいものをつくるには、手間ひまをかけなければならない。だが生産者のもとに農協が集配に訪れ、一山にして持っていくと、自分のものも他人のものもわからなくなる。差がないから自分だけいいものをつくっても無駄に思えてくるのだ。

つくったものがみな同じ評価であるなら、手間ひまかけるだけ損である。自分がつくったものとして自己主張できなければ、そう思うのも当然なことだ。まったくおかしなシステムではないか。私はよく農家の人にこういった。

「資本主義の日本は生産者主導型であるのに、農業社会はそうではない。生産者の主張も値段の交渉もなく、ただ生産して出荷するだけ。まるで共産主義のように思えるシステムだ。自分のものがどこでどうなって、消費者にどう思われているかわからないままつくることは、悲しいことではないだろうか。生産者から消費者の顔が見え、消費者から生産者の顔が見えるようにしなければならないと思う」

農家の人の反応は少なく、こちらが別世界の人間であるような目で見ている。

実は作物をつくることにおいても、まったく常識では考えられないことが、平然とおこなわれていることに驚きと恐怖を覚えるのだが、現実は全国のどこの農家でもそれが常識になっているという。

〝皆殺しの農業〟ともいうべき方法で、土壌を殺菌しようとしているのだ。

あるとき、ホウレンソウを栽培している農家が、連作障害のことで農協の指導員に相談しているところに立ち会った。指導員は土壌殺菌をする以外にないといっていたが、農家の人はあまり気が進まないようで、

「毎年土壌を殺菌するのはどうかと思いますが」

というと、指導員は、

「消毒しないと今までどおりの収穫は望めませんよ」

といいながら、農家の人を説得していた。

私は黙って指導員の説明を聞いていた。

二人は話を進めながら、結局、土壌殺菌することでまとまったが、指導員は私の側に来て農家の人に聞こえないように、

「本当はしないほうがいいのですが、収量が落ちると必ず文句をいうので」

と言い訳するようにいった。

指導員のいう気持ちもわからないではないが、これでは解決どころか農業をさらに駄目にするだけなので、ひとこと指導員に、

「農協はなにを考えているのですか。このような農業指導をしていると、農協自体がおかしくなりますよ。目先のことだけ考えて農業を進めると、本当に日本の農業は駄目になります。ましてや土壌殺菌など、とんでもない話です。自分の都合で他の生きものを皆殺しにするような権利は誰にもないのです。人間にとって都合が悪くても、他のものにとっては必要なのですから、人間の勝手で皆殺しにすることをやめないと、いずれ報いがきますよ。自然とはそんなものです」

と、お願いするようにいったが、

「わかっています。私も農協のやり方はよいこととは思っていないのです。でもどうしても収量を落とせない。それに農協は薬品を売っていますし…」

指導員もこの矛盾に困惑しているようだった。

農家はただ目先のことしか考えず、殺菌することによって先祖代々大事にしてきた我が家の財産である田畑を、滅ぼしていることに気がつかない。そして誰もそのこと

を指摘しようとはしない社会もおかしい。

田畑は個人の財産であると同時に、国の財産でもある。これが生産不能になれば、国は大きな損失となる。にもかかわらず、国は生産性をあげる努力をまったくしていない。国が農業に使う補助金は、農業の魂である田畑に使ってこそ生きるはずである。

このような実態を問題にする人は少なく、農家も情報がとぼしいので、国のなすがままになっている。日本の農家は苦痛に満ちた長い道程をこれから通らなければならないだろう。

日本も世界の農業の変革に対応していかなければ、国際競争力が育たないことは明白である。矛盾だらけのこの農業社会が、一般社会から離れて存在していることが、ゆくゆくは国を滅ぼすことになる。

人間の欲望の果てに

地力が弱り連作障害が起きて農家が困っても、作物を作ることをやめるわけにはいかない。生産者も消費者も危険を侵しながら、需要と供給のバランスをとっていることを、どれだけの人が知っているのだろうか。

先日、ハウスでトマトをつくっていた人が、

「農薬を散布すると2日間は頭が痛い。こんなことを続けていたら自分の体はまいってしまうだろう」

といいながら、

「それでも、見た目の美しい、形のよいものでないと売れないから、仕方がないんです」

と怒ったような口調で吐き捨てるようにいった。

「これだけ農薬を散布するのは、食べる人にもよくないと思うのだが」

という言葉を聞き、それまでなら腹立ちを覚える私だったが、最近はあちこちで聞いているので、慣れてしまい腹も立たなかった。

しかしそれだけに心のどこかに切ない寂しさを感じるのであった。

ハウス栽培が盛んにおこなわれるようになって、薬害の問題が一段と増えてきたのは間違いないことである。

締め切ったハウスの中で様々な薬品を散布するので、散布後の2日間は頭が痛いと

いうのも納得できる話だ。この実態を聞けば聞くほど不自然なものを感じる。そして栽培者も土も、
「痛い、苦しい、助けてくれ」
と叫んでいるように感じる。なぜそう思えるのか、人間の生活を考えるとよくわかる。人間が家の中で生活するのと家の外で生活するのとでは、おのずと違うのがあたりまえである。

服一つをとってみても、外に出るときは厚着をするが、家の中では薄着になる。その時々の環境条件にあわせて生活するのが当然である。

農業の場合、露地栽培は外の生活であり、ハウス栽培は家の中での生活。しかし現在の農家では両方を同じ考えで栽培してきた。

長い長い農業の歴史の中で、ハウス栽培は近年になって普及したものである。それまでは露地栽培が普通であったが、人間のぜいたくな欲求により、冬のものを夏に食べ、夏のものを冬に食べるようになったからだ。

生産者側も、流通していない時に、作って売るほうが儲けになる。そのために寒い冬に、あたたかい夏の条件を満たす暖房等の設備をしたハウスが必要となった。農協

はハウスの資材を買いやすくし、奨励して多くの生産量をあげようとしたのである。そのために栽培技術は今までの露地栽培の方法を、そのままハウスに持ち込んでしまう結果となった。

家の中で生活しているのに外と同じように厚着をさせたのでは、汗をかいてしまう。いずれは脱水して体が弱って死んでしまうだろう。露地栽培はいつも風雨にさらされ土も洗い流されるのだが、ハウス栽培は風雨にさらされることも洗い流されることもない。そうなのに露地栽培と同じ量の農薬や化学肥料を使う。だから土にとってみればたまらないのだ。

自然の条件や自然の働きを考えないで、ただ作って儲けたいと願う人間の身勝手さによって、土が苦しみもがいていることを、人間は知らなければならない。

人材と組織を誇る農協がそのような道理がわからないはずがないのだが、目先の商売にとらわれてしまっている。農業指導が目先に集中されれば、農業の継続は難しいことは十分わかっていたはずだ。

農業は人類が生存するかぎり続けられなければならないが、今の農業は自滅の道を進んでいるとしか思えない。

最近、心に残った出来事がある。それは農家の近所に住むお年寄りのご婦人が、農薬を散布している30歳前後の男性をつかまえて、

「そんなに農薬をまくと、うちの畑に入るではないか」

といっているのだ。

そのご婦人とは顔見知りだったので近寄って話を聞くと、その男の人は3軒向こうの家の人だという。いつも農薬を多量に散布するのだそうだ。自分の畑とつながっているので、農薬が風にのって自分の畑にくるので注意をしていたとのこと。

自分はできるだけ農薬を使わないようにしているのに、隣で毎日のように散布されては、自分の畑にも影響するので使わないでほしいと思って注意しているのだが、その男の人はとんと耳を貸さない。ご婦人は相手の体のことも心配して農薬の危険性を知らせているのだが、相手はうるさいといった感じでいつも逃げてしまう。

そのお年寄りは、

「少しでも虫がいたり、様子がおかしいと、すぐ農薬をまく。今の若者は農薬の怖さを知らない。いずれは自分の体にふりかかってくるのに」

といって私の肩をたたきながら、

「もうこんなに年をとっているから、とくに気をつけなければ長生きできないのに…」

といって家のほうへ帰っていった。

〃私はこんなに年をとっているから、体に気をつける〃といった言葉が、その後妙に頭からはなれなかった。後から知ったことだが、そのご婦人は、ご主人が亡くなられた原因が薬害だと思っているのだという。

ちょうどその頃、広島で農家の人が自分の畑のチシャ（野菜の一種）をとって食べたところ、苦しくなり、そのうち二人が亡くなったと報道され話題となった。

一時は殺人事件では、と騒がれたのだが、新聞では農薬が原因ではないかと書いていた。警察の調べが進むにつれ、凶悪な犯罪の類いではなく、昼前にその家の主人が畑のチシャに農薬を散布していたことがわかったのである。

「農薬を散布したから食べるな」

とひとことといっておけばよかったのだが、とんだ災難となってしまった。これほどまでに日常の生活に劇薬が入り込んでいるのに、使うほうも食べるほうも農薬に対する知識が浅く、それぞれが自分勝手にやっている現状に恐怖を覚える。

ある人は私にこんなふうにいう。

「農薬とは、もともと戦争のときの化学兵器（毒ガス）が、農薬という名前で畑にすてられただけだ」

事実はどうであれ、生き物を殺す製品を生産する化学薬品会社が、戦後巨大産業となったことは事実である。

それは国の政策であったかもしれないが、もう一つの要因として、結果をすぐに求める私たち、社会の身勝手さもあるのではないだろうか。

飽食の日本人への警告

戦争には武器がつきものだが、食料戦争には武器がいらない。知らず知らずのうちに体を侵せばよいのである。こんなことを故意に考え輸出している国はないと思うが、食料の輸出の実態を知らない消費者は、自分の身がいかに危険にさらされているかを知るべきだ。安いとか、きれいという理由で喜んで買っているのはおかしい。

現在の輸入農産物がどのようにして輸出され、輸入されているか、その恐ろしい実態を知っておくべきである。

食品の安全性を考える時、農薬や食品添加物、環境汚染、寄生虫などの問題がとりざたされるが、その中で一番危険なのは農薬である。食品添加物と農薬の毒性を比べると、農薬のほうが3倍以上毒性が強い。それにもかかわらず、毒性の低い添加物については表示をし、食品に使う農薬については表示されない。だから消費者のほとんどがその実態を知ることができないのである。

もちろん農薬といっても毒性の強いものや低いものがあるが、低いからといって使ってよいというのではない。輸入品には残留農薬の検査を義務づけているが、すべての輸入品を調べているわけではない。

その上、ポストハーベスト農薬については、検査なしというのが実情だ。

ポストハーベスト農薬とは、作物を収穫した後に、それに寄生している害虫や虫の卵を駆除したり、有害菌を殺菌するためにおこなうものである。

このポストハーベスト農薬の方法はいろいろあるが、土壌殺菌と同じように作物を倉庫に入れて、薬でいぶす、「くん蒸」や、液剤につけたり散布したりする方法がある。毒薬を使うのであるから効果は抜群で、作物の品質を長期間保持できるメリットもある。

日常よく体験する中で実例をあげるとすれば、ショートケーキにのっているイチゴである。ショートケーキにのっているイチゴのほとんどが輸入物。なぜなら国産のイチゴは果汁がでるので形が崩れて使いにくいからである。

ふつう、イチゴは傷みやすい果物であり、とくに傷ついたり当たったりするとすぐに腐ってしまう。冷蔵庫に入れておいてもすぐにカビが生える。ところが輸入イチゴは冷蔵庫にいれておけば三週間たっても傷まない。

なぜなのか。それは、栽培中にキャプタンという殺虫剤を一週間に1回の割合で使っているからである。

そのキャプタンは発癌性があり毒性も強い。そのうえ、ポストハーベストが栽培中の農薬にプラスされるのだから、簡単に腐らないのである。

しかし、これでは毒薬を食べているのと同じである。

アメリカの友達に聞いた話だが、アメリカのイチゴの輸出量の95%はカリフォルニア産で、セルバやバハロという種類だという。これらは半年ほど延々と収穫でき、固く小さいのが特徴で、日本に輸出するのに向いているという。

さらに驚くことに、土壌消毒によく使う発癌性の高い臭化メチルによって、くん蒸してから出荷しているというのだ。

出荷側は、「日本の土壌のほとんどがこの薬剤で殺菌し作物をつくっていて、毎年かなりの量が残留しているはずである。それに比べれば、一時的な使用はそんなに問題視する必要はないのでは」と主張している。

さて、野菜はどうであろうか。私たちはこの野菜にも目に見えない危険が迫っていることを知らなければならない。それは野菜に対する放射線照射である。

テレビでは毎日いろいろな料理番組が放送されているが、材料がどれを見てもきれいなのに驚かされる。本来は芽が出ている時期なのに、きれいなジャガイモが使用されている。収穫期についての無知から、本来ならおかしいと考えなければならないのに、あたりまえのように思ってしまうのである。

なぜ芽が出ないのだろうか。それはコバルト60やセシウム137といった放射元素を使って、ガンマ線を当てているからだ。そうすると芽の出る時期になっても芽が出ないで、長期保存が可能となる。

ジャガイモ自体が放射線をあびるわけではないので、危険ではないと思っているのは大きな間違い。ジャガイモの細胞の性格を変えて発芽細胞を殺し、芽を出さないようにするのだから、危険極まりない。

もともとこの方法はアメリカの軍隊が食料の長期保存のために使っていた方法だが、今ではジャガイモの他にタマネギや穀物などにも使われて、輸出されている可能性が高いのだ。

その他、輸入食料で問題になったナッツ類に、最強の発癌物質アフラトキシンＢ１が使われている。

アフトラキシンＢ１はアスペルギルス・フラバスというカビによって作られ、肝臓癌を発生させることがわかっている。過去、輸入品のハト麦、ソバ粉などからも検出されたことがある。だが、最近の市場では一応検出されてはいないということになっている。（このカビは高温多湿の条件で発生するので、そうではない国からの輸入の際は心配ないと考えられる。）

気になるところだけざっと見てきたが、恐るべき薬害汚染は日本だけでなく世界中に広まっており、飽食の日本に今、食料危機が音をたてて近づいてきている。私たち日本人はグルメ志向といって浮かれている場合ではない。輸入自由化とともに入りこんでくる薬害の恐怖に、一人ひとりが目を向けなければならない。

誰も「命の保証」はしてくれないのだ。

おいしくない野菜たち

「どうしたんだろう。このごろ野菜にしても果物にしてもおいしくないな」

「なんだか年々味が落ちてきているようだけど」

こういう声をあちこちで聞くようになった。

味にうるさくない私でも痛切にそう感じることが多い。果物にしても甘みと風味がなくなり、酸味ばかりが感じられる。野菜にしても食べた後に口の中に苦みやアクが残ることが多い。そんな時、ふと昔食べた味の感覚と比較するのだが、やはり違いを感じる。

ただ見た目では今のほうがおいしそうに見える。色や形がとてもきれいなためだ。

形や色のよさと味は、本来別のものであることはわかっていても、いざ買うとなるときれいなほうを選んでしまう。そういう買う側の動きをみて、作り手はそれに従う。

しかし、一般消費者はだませても、料理のプロはだませない。

先日、私が友人に誘われて六本木の有名フランス料理店に行った時のこと。次から次へと料理が出てくるのだが、そのたびに料理人が料理の説明をする。タイミング悪い時などは、口に入れようとしたその時に説明を受け、あわててお皿に料理を戻し説明を聞くという時もあった。

友人たちは慣れたもので、ゆっくり説明を聞き納得顔で優雅に食事をしている。私のような田舎者でせっかちな人間は、説明を聞いてもわからず、たとえわかったとしても自分で作る気がないので煩わしいだけだ。

食事の作法であるから仕方ないのであろうが、慣れない私にはどうでもいい話が続く。ようやく最後のほうになって、私ははじめて料理人に聞いた。

「料理の仕方はよくわかりましたが、使った材料のことも聞きたかったですね。例えばこのピーマンはどこの産地のもので、なぜピーマンを使うのかなどを…」

すると料理人は、

「このピーマンはオランダから買っています。今の日本のピーマンは味が悪くて使えませんから」

「そうでしょう。今の日本のピーマンは本当においしくないですね」

と友人も同意する。

「今時のピーマンはハウス栽培ですから、露地栽培にくらべれば味は落ちるでしょう。商売柄、材料は大切でしょうから仕入が大変ですね」

「そうなんです。実際に私たちは全国を回っておいしい材料を探しています。日本の野菜は正直なところ年々味が落ちています」

とその料理人はいう。私は彼に
「料理の説明の前に今のような素材選びのご苦労も話してあげて下さい。今の日本の食材の状況をお客様に知らせてほしいのです」

と要望した。

料理されたものより、その原料を考えることで、現在の日本の食について関心をもってもらえるのではないか、と考えたからである。

今の流通を見る時、消費者が馬鹿にされているように思える。スーパーや店先に並んでいる野菜や果物をみても、どちらがおいしく、養分が多く含まれているのか区別がつかない。また、有機栽培とか減農薬野菜と書かれているものがあるが、本当だろうかと疑いたくなる。

それというのも、従来、化学肥料だけで作っていた農家で、新たに有機堆肥を使い化学肥料使用量を減らした場合でも、有機栽培といえるからだ。減農薬栽培にしても同じことだ。今まで農薬の散布を10回していたところを5回に減らせば、減農薬になるし、5回のところを1回に減らしても、減農薬栽培となるのである。

消費者としては同じ減農薬野菜であれば、1回だけ散布した野菜を買いたいが、消費者にそれを知るてだてはない。

買おうとしても、消費者に選択の自由がないのが現状である。本当ならば消費者に選択できるような基準を明記しなければならないはずだ。

他の物は、消費者にわかりやすい選択の基準を明記している。例えば衣類の場合、生地や原料の割合から洗濯をする時の注意まで知らせてくれている。消費者はそれを見て納得して買うのである。

生鮮野菜はそうした選択をする基準がまったくなく、ただ見た目の感覚と値段で選択するしかない。だからといって、手にとって食べてから買うことはもちろんできない。消費者はそうしたことに盲目的に慣らされているので、買って失敗しても、おいしくなかったというだけで終わってしまうのである。

この責任を生産者に求めても、今の日本では無理だ。農業の世界は社会主義世界のようなもので、生産者は国や県の農政や農協のいう通りになっている。生産者主導になっていないため、自分の主義主張を消費者に伝えることも、生産品の価値をみてもらうこともできない。さらに、そうしようと努力する生産者は残念ながらあまりいないのが現状である。

こうしたことが日本の国を衰退させ、貧乏にさせる一番の大きな原因であることを、国民はもっと自覚しなければならない。

ある時、「食について深く考えない国民」というテーマで講演をしたことがあった。今生産されている作物に含まれる養分の含有量を数字で示した時の、みんなの驚きようが今でも印象に残っている。

その時なぜ作物に含まれる栄養について話したかといえば、バランスの崩れた土壌で作る作物は、栄養のバランスも崩れ、食べた人間のバランスも崩れることを示したかったからだ。

ビタミンAを摂取しようとして、ホウレンソウやニンジンを食べたとしても、今のホウレンソウやニンジンには昔のような栄養はない。

人間の病気の大半は口から入る食物に原因がある。食物のバランスが崩れれば、体のバランスも崩れ病気になるのだ。

このままでは、日本の国を支える若者たちに、エネルギーを与えることはできない。弱々しい日本、病人だらけの国、疲弊した国となってしまう。

このような日本にしてはいけない。今こそ国民が食に対してもっと真剣に考えなければならない。日本の将来のために、早急にでも解決しなければならないことだ。

私は一つの解決方法として、土壌の残留薬品やその土壌でできた作物の含有薬品と主成分の分析を、数字で明記することを提案する。消費者はその分析数値を参考にして購買できるからだ。

そうすれば生産者は自分の畑の自己管理をする意味が生じ、努力すればするほど結果となって反映されることにつながり、農業に情熱を傾け始めるのではないだろうか。

本来なら、これは農協関係者、流通業者、販売者が消費者のためにしなければならないことであろう。とにかく「食」に対して真剣に取り組んでほしいものである。

大自然がもつ共生機能

過疎に悩む小さな町は、なんとか活性化しなければ、町の存続に関わる。だから真剣に考え、農薬や化学肥料を使わない安全な作物づくりに取り組もうとする。有機農法による野菜が高い値で売れるためである。そこで、実際にやる時には、必ず農協や県の改良普及所に相談してから始める。ある農家で、「ムクダイ農法」を試験的にやろうとした時もそうだった。

農協にしても改良普及所の指導員にしても、新しい農法は、定期的に観察し、成育の様子をみようとする。

そういった観察日の前日、イチゴを栽培している農家から電話がかかり、ムクダイ農法の畑に雑草が生えているので、県や農協の偉い先生が来られるのに格好が悪いから、草取りを手伝ってほしい、といってきた。私は草取りを兼ね、様子を見にいくことにした。

50メートルほどの長さのハウスで、半分をムクダイ農法、残り半分を慣行農法として区切り、それぞれ植えていた。

驚いたことに、ムクダイ農法の方には一面雑草が生えており、慣行農法の方には草1本生えていない。農家の人と一緒になって雑草を抜いていると、ミミズが雑草の根について出てくる。

「ミミズが多いですね」

というと、

「ミミズがこんなに発生したのははじめてです」

といって私の顔を見て笑う。

慣行農法とムクダイ農法の区切りの真ん中に立って眺めていると、農家の人がそばにきて小声で囁く。

「雑草1本生えない、虫1匹寄りつかない、こんな畑で作るものなんて、人間だって食べられませんよね」

何気なくいった彼の言葉を聞いた瞬間、私は背筋が凍る思いがした。

今まで雑草1本生えていない畑をきれいだと思っていたことの異常さと不自然さに気がついたからだ。そして、きれいな畑をあたりまえだと思っていた自分が恥ずかしくなった。

ふと、遠い昔の、雑草が生え、ミミズがたくさんいる畑のことを、温かい親しみあふれる記憶として思いだした。

「そういえばノッポの臭いはもうどこにもないな。土から伝わってくる糞尿の臭いも消え失せている」

作物の病気を恐れ、植える前に土を燻蒸したり、殺菌したりすれば、生物はすべて死滅してしまう。そして雑草も生えない。そんな土には生き物が生きられるわけもなく、ミミズが集まってこないのは当然である。

ムクダイ農法でつくった畑の雑草ぬきをしているうちに、子どもの頃、田舎で遊んだ自然の感触と温もりを思い出し、久々に自然の中の人間を取り戻したような気がした。やわらかい太陽の光と土の暖かさを体いっぱいにうけて、私はのびのびとした気持ちになり、草取りに夢中になったのである。

雑草を取り終えると、農家の人はナス畑にも案内してくれた。そこも慣行区とムクダイ区にはっきりと分けられていたが、定植してまだ日がたっていないため、どちらがムクダイ区か判断できないでいると、

「まだ植えて時間がたっていないので違いがないように見えますが、ムクダイ農法の

畑にはクモがいるでしょう。慣行区のほうには1匹もいません」

調べてみると、たしかにそうだ。

「クモはアブラムシを食べてくれるから必要なのです。ムクダイ農法の畑にある葉の裏をみると、アブラムシが少ないでしょう」

さも自分の手柄のように得意そうに教えてくれた。

自然は正直であり、必ず形にしてみせてくれる。私は自然の偉大さを痛感すると同時に、人間が自己中心的な考えで勝手なことをしなければ、自然がうまく働き、調和をとってくれることを知ったのである。

それは穏やかで、人知れず自然で、無理のない形であるから、人間になかなかわからないだけだ。

不幸のはじまり

人間は、自然の恵みである空気や水、土がないと生きられないことを知りながら、大切にしようとしない。粗末に扱えば生活ができなくなるとは思わないのである。

人間がつくることのできない地球の環境を、自らの手で破壊したり、汚したりすることは、人類の将来を滅亡に導くことに他ならない。ましてや地球の大切な資源を間違った方向に利用したり、人間の尺度で思い通りにしていたのである。すべての生物を犠牲にし、自然を破壊してまでも自分の欲望を満たそうとする人間の身勝手さは、万物を生かし、共存しようとする気持ちとはほど遠い。

そうした人間の身勝手さが生んだ〝食〟への危険性。それが、癌、アトピー、肝臓病などが多発する原因の一つと考えられる。

本来、動植物は自然が人間に与えた食物であり、生きるためのエネルギーである。それを食べて病気になることは絶対にありえないし、またあってはならないことである。

今とくに農産物の安全性が問題となっている。

農薬や化学肥料の使いすぎによりさまざまな害が明るみに出て、世間で騒がれはじめた。

自然から与えられた植物を人間が食用として作りはじめてから長い歴史があるが、文明の発展にあわせて農業生産や流通、消費もずいぶん変わってきた。昔ながらの農業では消費についていかれなくなり、大量生産のため化学肥料に頼り、農薬を使った。それが土を死なせ植物を汚染し、人間に被害を与えだしたのである。

農薬や化学肥料を使って生産するのは農家であるから、当然農家に対して非難が集中する。だが、農業生産、流通、消費者を含めた全体的な構造からみると、生産者だけの責任とは必ずしもいえない。流通や消費者にも同じく責任があり、社会全体で考えなければならないことなのである。誰もが薬害の加害者と被害者になりうる可能性を持っているのだ。

私の親戚に農業をしている人がおり、その人は半年前に1人息子を癌で亡くした。息子さんは一流大学を出て銀行に就職し、結婚をして子供2人に恵まれ、幸せな生活を送っていた。しかし、突然、癌だと宣告され、入院して1年もたたずに亡くなったのである。母親は目に涙を浮かべて私に訴えるようにいった。

「あんな元気な子が急に死ぬなんて」

少し間をおいてから、腹から絞るような低い、しかし強い声で、

「癌になったのは農薬や化学肥料に関係があるように思うんです…」

といい、私の顔を見ながら

「私にはそれが原因のような気がしてならないのです」

とまるで自分が死なせたようなものだといわんばかりに、悲しい目をした。私はすぐに返事ができなかった。簡単に答えるべきでないとも思った。痛いほどに息子さんに死なれた悲しみが伝わってくるからだ。

「人手が足りないため、子供を背中におぶって毎日毎日、田や畑に出たのです。農薬や肥料をまき、時には除草剤なども散布する。子供はまともにそれを吸っていたし、大きくなればなったで、その作業をやらせていましたから…」

言葉の最後は力なく呟くようだった。自分が無知であったために子供を早く死なせた、と後悔している姿を見て、私は何もいうことができなかった。

30数年前までは、ほとんどの農家が農薬や化学肥料についての知識がなく、もちろん人体に影響を与えることなど夢にも考えていなかったのである。当時は誰もが農薬を農業の器具の一部ぐらいに考えていて「化学肥料を使えば収量が上がる」「作物が病気になれば農薬を散布する」と指示されてきた。散布すると、効果がすぐに現れるので、これほど楽で便利なものはないと誰もが思ったのである。

ところがよくできるのははじめのうちだけで、長く使っていると土が弱りだし、人体をすこしづつ侵していることに気づく農家は少なかった。

実際にはそれが原因で癌になったかどうかははっきりしないが、長い間使ってきた農薬や化学肥料が原因ではと、今になってみて思う現実は、不幸以外の何ものでもない。

作物のできをよくするために、どの農家も無分別に化学肥料や農薬をどんどんと使った。それが危険なことだと気がついた時には、長い年月がたっており体も土も弱りきってしまっていた。自分で蒔いた災いとはいえ、恐ろしいことである。農薬を使うと身体の調子が悪くなったり、手や足が皮膚病になったりしていることを、農家の人たちの口から直接聞くようになったのは、かなり親しくなってからである。

農家に行き一面青々と元気よく育っているネギ畑をみて、少しいただこうと思いお願いすると、

「それは農協に出すネギだから、こちらのをあげましょう」

といって家の裏の畑に案内してくれる。裏の畑にはネギのほかにいろいろな野菜が植えられていて、お世辞にもよく手入れがされているとは思えない。

私からみれば家の表のネギのほうが元気できれいにみえたので、

「前のネギとどう違うのですか」

と聞くと、

「こちらの畑は自分の家で食べるためにつくっているのです。前の畑のネギは市場に出すネギで、農薬を多く使っているんです。とくに夏のネギは虫が入るので農薬をかけてばかりいますので食べないほうがいいですよ」

と平然とした顔で私にいうのである。

そういえば「食と農を考える会」のメンバーと話をしていた時、今の農家は「自家用と出荷用」をわけてつくっているので、自家のほうをお願いして、買っていることを思い出した。そのときは何気なく聞いていたのだが、今それを目前にして腹の底から怒りがわき出るのを感じた。

子供がアトピーになり、一生懸命に無農薬野菜を求め歩く親。母乳がでなかったのに、無農薬の野菜中心の食事をしたら母乳がでたので、農家を回り直接無農薬野菜を買っているという母親。一方、肝臓を悪くして通院している農家の人。ハウスでイチゴを15年も栽培し、農薬で肝臓をやられて亡くなった人など…。そんな話を聞くと、世の中が狂っているのではないかと思わざるをえない。

それ以来、農家に行くと必ず「自家用と出荷用」のことを聞いているが、やはりどの農家も同じようにわけて作っている。

「私は趣味で小鳥を飼っていますが、小鳥には自家用で作った野菜を食べさせています。出荷用を食べさせると調子が悪くなるんですよ。やはり農薬が影響しているのでしょう」

私はそんな話をたびたび聞き、そのたびに体が凍るような思いをする。

「小鳥が食べて調子が悪くなるものを、人間に食べさせていて心が痛みませんか」

というと、彼らは一様に私の顔をみて、

「私たちは慈善事業で農業をしているのではないんです。商売ですから売れるものを作っている。たとえ人間の体に悪いと思っても、その悪いほうを消費者は喜んで買っていく。だから私たちは作るんです」

話を聞いてなるほどと思った。需要と供給があっているのだと。それにしても、なんだか割り切れないものを感じる。

「食べて体を悪くしたとしても、何が原因で悪くなったのかはわからないでしょう」

そこまでいわれると私は唖然としてしまい、本当に何かが狂いはじめていると痛感した。

　一般の消費者はこの恐ろしい実態を知っているのだろうか。もちろん知っていたら許さないだろう。知っているのは農業関係者だけで、彼らは見て見ぬふりをし、危ない野菜は食べないようにしているのである。

　テレビや新聞などで農業問題を報道していても、真実を消費者には知らせていない。政府も、農業に莫大な予算を組んでいるが、国民の安全には使われていないのである。

　農業の現場は依然として闇に包まれたままであることに、人類の不幸の始まりを感じざるをえない。

第3章

ムクダイ農法を実践して

それでは、活性ケイ素から作られた土壌活性剤「ムクダイ」を使った「ムクダイ農法」を実践し、大きな効果をあげた方々の具体例を紹介しよう。

埼玉県所沢農協の場合

埼玉県所沢農協のホウレンソウ部会に、「ムクダイ農法」の説明のため呼ばれて行った時のことだ。

最後の質疑応答で、一人が、

「ホウレンソウでなく、チンゲンサイでも同じように化学肥料や農薬を使わなくてもできるのですか」

と質問してきた。恥ずかしいことに、チンゲンサイの経験がなかったのだが、

「ホウレンソウと同じようにできますから安心してください」

と私は答えた。ところが、その答えを聞いて、会場の雰囲気が変わったように感じた。

話が終わってから、農協の指導員の人にチンゲンサイのことを聞いてから、その意

味がわかった。

夏場のチンゲンサイは病虫駆除を盛んにしないとよいものができないという。私は皮肉のつもりで、

「農薬漬けですか」と言うと指導員は躊躇することなく、

「そうなんです」と答えた。

私は、「農薬は使わずに、有機堆肥を必ず使ってください。とにかく結果を楽しみにしています」と言い残して所沢を後にした。

後日、所沢のチンゲンサイの比較写真と現物が送られてきた。その写真と一緒に農家のメッセージがあり、

「先生のいう通り、立派にできました」

とただそれだけ書かれていた。

後で聞いたのだが、収穫して四日経つのにムクダイ農法のチンゲンサイは元気がよいので、写真を撮ったそうである。写真を見れば一目瞭然で皆さんにもわかるはずだ。

(写真参照)

所沢のチンゲン菜

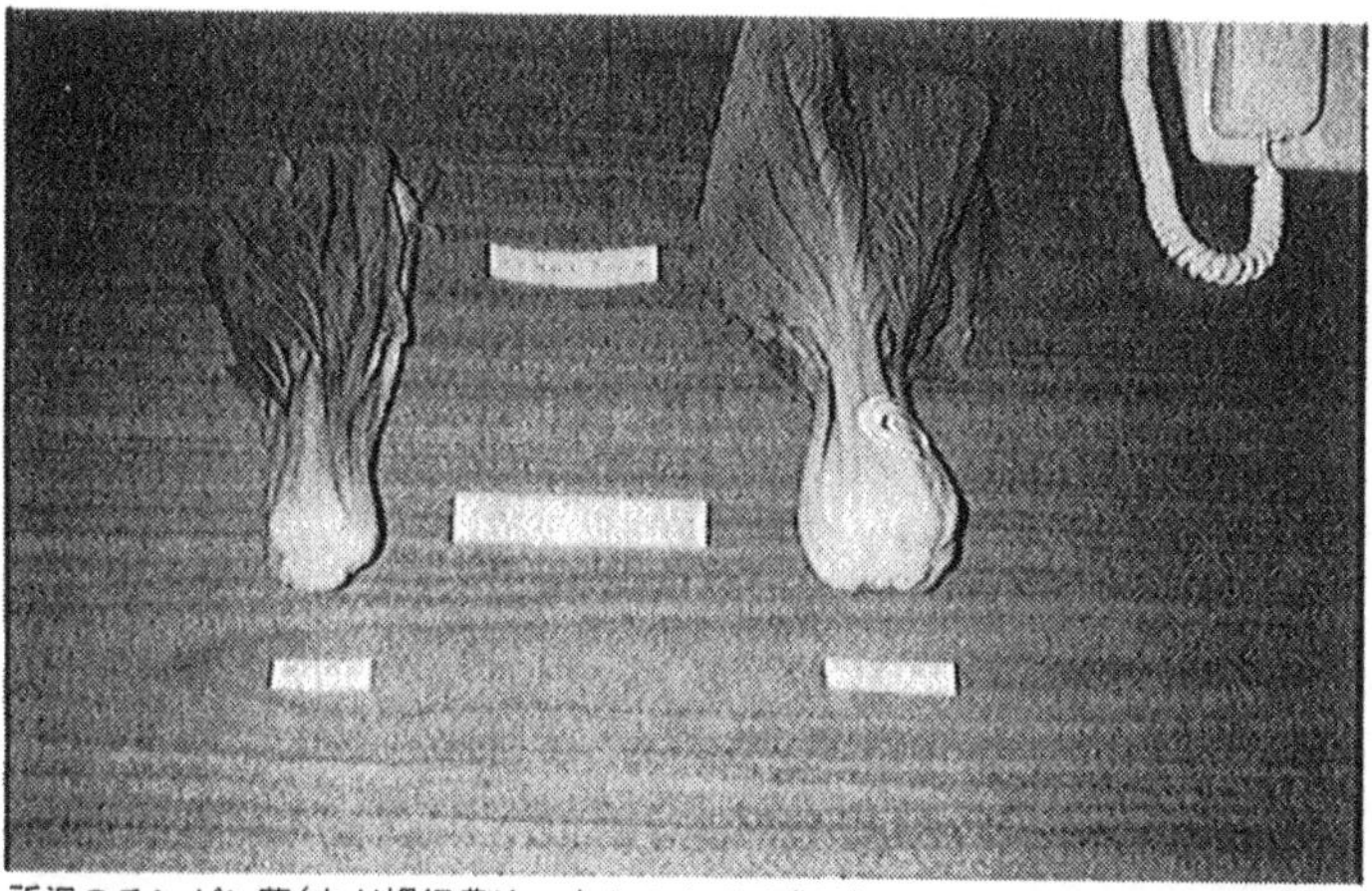

所沢のチンゲン菜（左が慣行農法、右かムクダイ農法）

4日間たったチンゲン菜（左が慣行農法、右がムクダイ農法）

広島安佐北区の松田圭司さんの場合

以前食品会社で株式会社サンヨーフーズに小松菜の味見を依頼したことから、ムクダイ農法の情報が広島県安佐農協に伝わった。

農協の紹介で、安佐北区の松田圭司さんがハウスで小松菜を栽培し、連作障害で困っているときいた。松田さんと話し合った結果、ハウスのひとつをムクダイ農法ですることにした。

松田さんからの最初の連絡で、

「小松菜を間引きしているのですが、従来ですと根が病気になっているのですが、ムクダイの方は病気がなく、葉の大きさは変わらないのに根がよく伸びています」と言ってきた。

そして、播種後二十七日目に収穫するので来てほしいという連絡があり、行ってみると慣行農法より三日収穫が早いことと、葉が柔らかく、外葉の根本が黒くなっているのが一本もないことに驚いているというのだ。

広島安佐北区の小松菜

松田圭司さんと小松菜

特別販売された松田圭司さんの小松菜(広島そごうデパート)

広島県立農業技術センターの場合

多くの実施者が全国に広がっているのだが、その広がりかたは亀の歩みにもにて遅いのである。

それでも一度使っていただいたところには、その結果に驚き口コミで広がり、農家から農協に問い合わせがあるようになってきた。そうしたことから一九九七年の農業技術大系（農業技術専門書）に取り上げられることになった。

一般の農家の結果とは別に公的な試験所でも専門的に試験をし、それを農家の役にたてようとしだしたのである。

その中の広島県立農業技術センターの試験のデータをみてみよう。

ムクダイ農法試験

広島県立農業技術センター

1．目的：ムクダイ農法と一般の栽培法（化学肥料）とを比較検討し、環境にやさしい農業を目指す資料とする。

2．試験設計

1）試験処理

試験区	処理					
	堆肥施用量 (kg/10a)	ムクダイＰ (kg/10a)	ムクダイＬ (ℓ/10a)	施肥量 (kg/10a) N	P_2O_5	K_2O
①化学肥料区	0	0		24	12	24
②ムクダイL4ℓ区	2,000	68	4（7日置きに散布）	0	0	0
③ムグダイL8ℓ区	2,000	68	8（　〃　）	0	0	0

（基肥(kg/10a) $N-P_2O_5-K_2O$＝12−12−12、追肥(kg/10a) $N-P_2O_5-K_2O$＝12−0−12 3回に分施）

2）試験規模：1区　5.4㎡　3連制

3）供試作物：ダイコン（耐病総太り）

4）供試土壌：中粗粒灰色低地土、灰色系（加茂統）

5）耕種概要：(1)播種日：9月13日

(2)栽植様式：うね幅120cm×株間30cm　点播

(3)施肥量：上記の通り

◎圃場見取り図

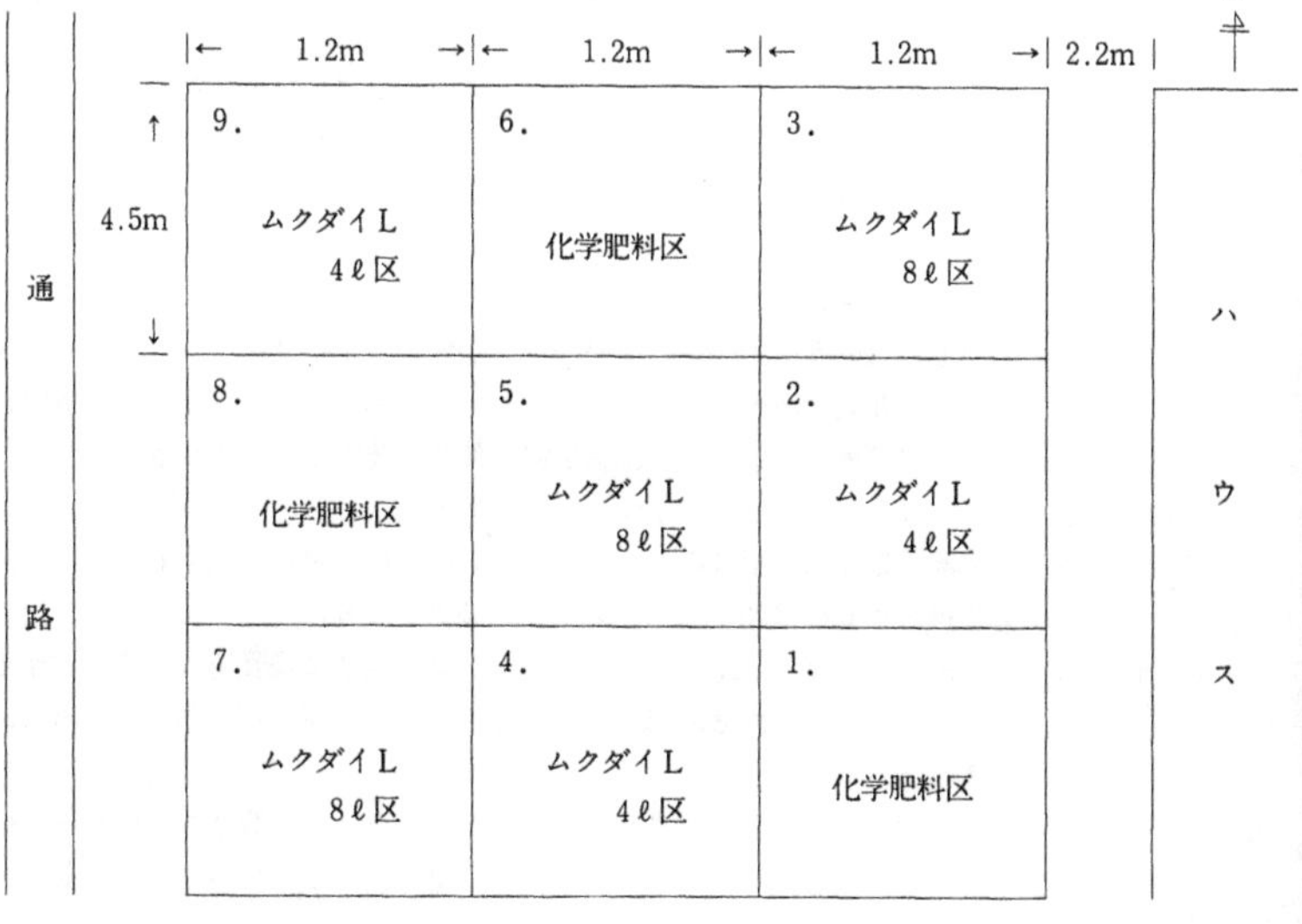

ムクダイ試験ーダイコン栽培跡地土壌の三相分布

ダイコン栽培跡地土壌の三相分布　　平成6年11月30日採土

試験区	層位	仮比重 (g/ml)	含水比 (%)	三相分布 (V%) 気相	固相	液相	全孔隙 (V%)	非毛管孔隙 (V%)	飽水度 (%)
化学肥料区	1	1.12	14.5	38.2	45.6	16.2	54.4	31.8	29.8
	2	1.49	9.7	19.4	66.1	14.5	33.9	10.9	42.8
ムクダイ4ℓ区	1	1.12	16.3	35.5	46.3	18.2	53.7	30.3	33.9
	2	1.25	15.5	27.6	53.1	19.3	46.9	22.0	41.2
ムクダイ8ℓ区	1	1.08	16.3	38.1	44.3	17.6	55.7	32.8	31.6
	2	1.22	16.8	29.2	50.4	20.4	49.6	22.7	41.1

◎用語説明

1．土壌三相：土壌は固相、液相、気相の三部分からできている。これらの三つの相をまとめて土壌三相という。土壌三相のそれぞれの容積が土壌の全容積に対する百分率を固相率、液相率、気相率という。これら三者の和は常に100となる。固相率、液相率、気相率を数値であらわしたものをまとめて土壌の三相分布という。

2．仮比重：土壌の単位容積に含まれる固相重量を呼ぶ。仮比重は土壌の種類によって異なる。同じ土壌でも、堆肥等有機物を施用して、土壌の腐植含量が多くなった土壌では小さくなっている。仮比重が小さいことは土壌が膨軟になっていることを示している。

3．含水比：水分簞を乾土重量に対する百分率で表したものである。

4．固相：土壌の固体部分をいう。固相率は土壌のうち密度を表す指標となる。火山灰土壌では25%以上、非火山灰土壌で55%以上の固相率を示すようになると、土壌の透水性及び通気性は著しく低下し、作物根群の伸長も著しく阻害される。

5．液相：土壌の液体部分をよぶ。液相の主体は水分である。

6．気相：土壌の気体部分をよぶ。根群の伸長に好適な気相率は通常15%以上で、根群の活動が十分に行われるには20～25%の気相率が必要である。

7．非毛管孔隙：毛管孔隙より大きい孔隙で、pF1.5～1.8に相当する当量直径である。非毛管孔隙は急速な排水と通気を保証する。非毛管孔隙率が10%～30%あれば湿害の恐れは少ない。

8．飽水度：土壌の液相部分の全孔隙中に占める容積の百分率をいう。飽水度は保水性の指標となり土壌の乾湿状態を示す。また、灌水量を決定するための指標となる。

◎コメント

ムクダイ施用区は化学肥料区に比べて、第1層では飽水度がやや高くなっており、試験時は雨が少なく過乾気味に経過したにもかかわらす、飽水度が高いことは保水性がよくなっていることを示している。第2層は仮比重が顕著に小さく、土壌が膨軟になっていることを示しており、固相率も55%以下と根群の伸長にもよい値になっているまた、非毛管孔隙量も化学肥料区に比べて大きく、湿害の恐れが全くない状態になっており、排水性も非常によくなっている。

ムクダイ試験ーダイコン栽培跡地土壌の化学性

ダイコン栽培跡地土壌の化学性（作土）　　平成6年11月30日採土

試験区	pH	EC (mS/cm)	全炭素 (%)	腐食 (%)	全窒素 (%)	塩基交換容量 (me/100g)	交換性塩基 (mg/100g) 石灰	苦土	加里	可給態リン酸 (mg/100g)	塩基飽和度 (%)	塩基バランス Ca/Mg比	Mg/K比	Ca/K比
試験開始前	6.6	0.152	1.10	1.89	0.108	10.11	191.7	42 6	40.5	48 7	93 7	3.2	2.5	8 0
化学肥料区	5.7	0.319	1 03	1 77	0.113	10.37	157.7	29.5	44 8	43.5	77.5	3.9	1.5	5.9
ムクダイ4ℓ区	7 2	0.079	1.14	1.96	0.118	10 55	202 4	40 2	42 9	61.1	96 0	3.6	2.2	7 9
ムクダイ8ℓ区	6.9	0.059	1.05	1 81	0 108	10 36	181 8	37.0	37.9	40 6	88 0	3.5	2.3	8.1

◎用語説明

1．pH：溶液中の水素イオン濃度の逆数の対数で、pH7のときは中性、pHが7より小さくなるほど強い酸性､pHが7より大きくなるほど強いアルカリ性であることを示す。普通一般的には作物の生育には中性付近がよく、また、土壌中の養分も中性付近で作物に吸収されやすい形態で存在しているのが多いので､作物を栽培する場合には､pHを6.5荷後に矯正して栽培している。

2．EC(電気伝導度)：被検液が電気を伝導する程度を示す値である。測定は土壌1に対して水5の割合で浸出して測定する。単位はミリジーメンス (mS/cm) で表示される (又はμS/cm)。水で浸出された塩類の濃度によって変化する。電気伝導と土壌中の硝酸態窒素濃度との間に正の相関関係がみられるので、窒素養分ー硝酸態窒素濃度を知るのによく使われるその他に塩害との関係にも利用される。作物を一作栽培した跡地ではECの値は0.3〜0.5 mS/cmを示し、肥料 (窒素) 成分が残っている。ムグダイ区は化学肥料の替わりにムクダイLを葉面しているため、土壌中の硝酸態窒素が少なく、低い値になっている。化学肥料では土壌中に肥料成分が哲積してくるが、ムクダイではそのようなことは見られす、すなわち塩類集積は起こり難いことを示している。

3．全炭素：この値を1.72倍したものが腐植含量です。堆肥等を施用しますと腐植含量が増加し、地力がついてきます。ムクダイ区は少しではあるが、増加を示しております。このことが全窒素の増加、土壌三相分布等の土壌の物理性にもよい結果をあたえており、土壌が作物の生育等によい結果を及ぼす方向に向かっていることを示しています。

4．塩基交換容量(CEC)：土壌はマイナスに帯電しており、カルシウム、マグネシウム、カリウム等の陽イオンを吸着している。粘土や腐植含量の多い土壌ほど土壌のCECが大きい。CECの大きい土壌ほど養分を多量に吸収保持できる可能性をもっている。CECは堆肥等を連年多量に施用すると増加してきますが、堆肥等の量等が少ないとなかなか増加はしません。

5．交換性塩基：土壌に吸着され、解放されうる陽イオンで、カルシウム、マグネシウム、カリウム等です。これらが、CEC中にしめる割合を塩基飽和度といい、塩基飽和度は70%～100%で塩基バランスがよいことが大切です。塩基バランスはCa/Mg比（当量比）が3～6、Mg/K比が1～2、Ca/K比が4～8の場合野菜に対しての診断基準となります。ムクダイ区は塩基飽和度は申し分ないが、交換性加里がやや少なく、加里が関係するバランスはやや高くなっており、加里については注意が必要です。

コメント：ダイコンに対して始めての結果であるが、腐植含量（全炭素）がやや高くなっており、全窒素含量も増加傾向を示しており、よい方向に改良されつつあると思われます。腐植含量の増加は土壌の物理性によい影響を与えています。EC値が低く、濃度障害の全く現れない農法ではないかと考えられます。ただし、交換性塩基のうち加里含量が化学肥料区に比べて少なく、塩基バランスも加里が関与しているCa/K比、Mg/K比が高く、診断基準値を越えていますので、この点に注意が必要です。

◎ムクダイ散布計画

（1）ムクダイSの散布

第1回：平成6年8月30日
第2回：　　　9月2日
第3回：　　　9月5日

（2）ムグダイPの散布：9月9日

（3）ムクダイLの散布

第1回：9月27日
第2回：10月4日
第3回：10月11日
第4回：10月18日
第5回：10月25日
第6回：11月1日
第7回：11月8日

（4）化学肥料区の追肥

①追肥量（$N-P_2O_5-K_2O=12-0-12$kg/10a　3回に分施　NK化成肥料（17-0-17））

第1回目　10月4日
第2回目　10月11日
第3回目　10月24日

3．試験結果

1）収量

表1大根の収量調査

試験区	全重 (g/1本)	根重 (g/1本)	同左 指数	根長 (cm)	同左 指数	根径 (cm)	同左 指数
化学肥料区	1,595	1,270	100	34.9	100	69.0	100
ムクダイ4ℓ区	1,585	1,297	102	36.0	103	67.4	98
ムクダイ8ℓ区	1,594	1,267	100	36.5	105	68.2	99

2）跡地土壌の理化学性

（1）化学性

表2　ダイコン栽培跡地土壌の化学性（作土）　　平成6年11月30日採土

試験区	pH	EC (mS/cm)	全炭素 (%)	腐食 (%)	全窒素 (%)	塩基交換容量 (me/100g)	交換性塩基 (mg/100g) 石灰	苦土	加里	可給態リン酸 (mg/100g)	塩基飽和度 (%)	塩基バランス Ca/Mg比	Mg/K比	Ca/K比
試験開始前	6.6	0 152	1 10	1 89	0.108	10.11	191 7	42 6	40.5	48.7	93 7	3 2	2.5	8.0
化学肥料区	5 7	0 319	1.03	1 77	0 113	10.37	157.7	29.5	44 8	43.5	77.5	3.9	1.5	5.9
ムクダイ4ℓ区	7.2	0.079	1.14	1 96	0.118	10 55	202.4	40 2	42.9	61.1	96.0	3 6	2.2	7.9
ムクダイ8ℓ区	6.9	0 059	1 05	1 81	0 108	10.36	181.8	37.0	37 9	40.6	88.0	3 5	2.3	8.1

(2) 三相分布

表3ダイコン栽培跡地土壌の三柏分布　　　　　　平成6年11月30日採土

試験区	層位	仮比重	含水比 (%)	三相分布(V%) 気相	固相	液相	全孔隙 (V%)	非毛管孔隙 (V%)	飽水度 (V%)
化学肥料	1	1.12	14 5	38 2	45 6	16 2	31 8	31.8	29.8
	2	1 49	9.7	19 4	66 1	14 5	10 9	10.9	42.8
ムクダイ4ℓ区	1	1 12	16 3	35 5	46 3	18.2	30.3	30.3	33 9
	2	1.25	15.5	27 6	53 1	19.3	22 0	22.0	41.2
ムクダイ8ℓ区	1	1.08	16 3	38 1	44 3	17.6	32.8	32 8	31.6
	2	1.22	16.8	29 2	50 4	20.4	22 7	22 7	41 1

4．結果の考察

1）生育・収量

（1）発芽は降雨がなかったため、やや遅れだが、灌水した結果その後の生育は順調に経過した。しかし、気温が高く経過したためアブラムシの発生が多く、そのためモザイク病の発生が処理に関係なくみられた。

（2）1本当たりの大根の収量（根重）は、ムクダイ4ℓ区（102）＞化学肥料区（100＝1，270g)≒ムクグイ8ℓ区（100）とムクグイ4ℓ区が高かったが、処理間に殆ど差がみられなかった。

（3）根長はムクグイ8ℓ区（105）＞ムクダイ4ℓ区（103）＞化学肥料区（100＝34.9cm）とムクダイ区が化学肥料区に比べて長かった。また、根径もムクダイ区がやや細かった。

（4）ムクダイ区は化学肥料区に比べて収量はやや高く、根長が長く、根径は細く、大根として姿がややよかった。

2）跡地土壌の理化学性

（1）化学性：ムクダイ区は腐植含量がやや高くなっており、全窒素含量も増加傾向を示しよい方向に改良されつつあると思われます。腐植含量の増加は後で述べますが、土壌の物理性によい影響を与えています。EC値が化学肥料区に比べて低く、濃度障害の全く現れない農法と考えます。pHも化学肥料区の5.7の弱酸性に比べて中性付近であり、交換性塩基のうち石灰（カルシウム）、苦土（マグネシウム）も増加を示しており、化学性はいい方向に改良されつつあります。

ただし、交換性塩基のうち加里（カリウム）は化学肥料区に比べて、やや少なくなっており、その結果、石灰・加皇比、苦土・加里比がやや高く、診断基準値を上回っている場合もありますので、加里の補給には十分注意する必要があります。

（2）物理性：ムクダイ区は化学肥料区に比べて、第１屈では飽水度がやや高くなっており試験時は雨が少なく乾燥気味に経過したにもかかわらず、飽水度が高いことは保水性がよくなっていることを示している（11月８日でムクダイＬの散布は終わっており、11月30日に土壌を採取しており、ムクグイＬの水分は関係ない）。第２層の物理性はムクダイ区が化学肥料区に比べて顕著によくなっている。即ち、仮比重が顕著に小さく、土壌が膨軟になっていることを示しており、固相率も55%以下と根群の伸長にもよい値になっている。排水の良否を示す一非毛管孔隙量も化学肥料区に比べて大きく、湿害の恐れが全くない状態になっている。

１作栽培後の土壌の理化学性はよい方向に改良されています。今後連用した場合の結果が楽しみです。

広島県立農業技術センター

環境研究部

総括研究員　小松武治

秋田県平鹿郡の佐々木農園の場合

専業でリンゴ栽培に取り組んでいる農家であれば、農薬、化学肥料を使わないムクダイ農法を取り入れることはかなり勇気のいることである。

それでも、あえてムクダイ農法に取り組んだ、平鹿郡の佐々木隆二さんは、ムクダイ農法を実践して今年で6年目になる。いまではなんの不安もなく実践している彼も、二年目に私に報告してきた内容をみれば、いかに慣行農法からムクダイ農法にきりかえるのが難しいかがよくわかってもらえると思う。

(報告書原文)

ムクダイ使用　リンゴ栽培報告

たくさんの作物栽培流通過程で、有機栽培の箱が数多く目につきます。

第3章

ムクダイ農法を実践して

果たして本当の有機栽培商品はどの品か疑問を持ち栽培しておりました。

先生とお会いした日、以前やっていた農法の話になりました。

「何年になる」「5年です」「結果は」「まだわかりません」

「5年頑張ったのだからもういいじゃないか。ムクダイは、3年あれば結果を出しますよ」と言われ、2年がたちました。先生には遠い所何度も来て頂きご指導有り難うございました。


1年目より2年目に結果が見えてきました。長岩さんと私の2人で観察し気づいた結果をご報告します。

1　樹勢

今年は、6月下旬から2ヵ月近く雨が降らず干ばつの日が続き、葉は黄色くなり落ちてしまう木が目だちはじめ、灌水とムクダイL散布を平行実施しました。Lの注入も試み皆皆必死でした。

数日後葉が立ち元気が見えたので、他の人に勧め散布した結果、少しですが持ちなおしたと喜んで頂きました。

来年ですが、数人がムクダイLをほしいとのことです。

2年目の木は、負けず元気で平行し散布しました……チョット驚きです。

干ばつの影響で肥大が平年よりこぶりです。しかし2年目の木は順調で数多く成らせたが、形も良く大きいです。チョット驚き。

2　肥大　着色　形

◎ワイカ（コンパクト）に仕上げる木ですが……、

PSLを実施1年目です、肥大　着色　形とも良く先生にお見せしたいです。1年目ですが、土管理から徹底しムクダイを使用してきました。15アール（P3袋　堆肥450Kg）（S　2回散布1600ℓ）（L　3回散布2400ℓ）SLとも100倍です。

10月上旬から肥大効果がみえてきました。干ばつ時散布した方《かた》も肥大が良く、感謝されました。

着色について……着色の初めは、薄ピンクに入り少しづつ赤が目立って来ます。薄ピンクに入るのが特徴で、普通は初めに赤が目立ち始めます。優しいソフトな感じです。現在着色管理作業中で、11月10日過ぎ収穫予定です。

形について……リンゴの花が咲く5月上旬の天気に左右されます。2年目の木は、形が揃っているようです。1年目の木は、少し不揃いです。が7月下旬花目形成時にLを散布したので、この結果来年が楽しみです。

3　葉の状態

葉は、リンゴの木にとって命です。私たちは、葉の様子を判断し管理します。

葉色が濃い……N窒素のききすぎ　味が悪い　色が良くない　葉が大きく立ちが無い　来年の花目が充実しない　小さい葉が少ない悪い例です。

ムクダイでは1年目より2年目に良い結果が出ています。艶と厚みが有り元気に働いているのが判ります。葉の見方は、個人差があります　写真で判断することは、とても難しいです。触って頂いたら感じてもらえると思います。

4　味

私は先生の教え通り有機質1本で栽培しております。時間を惜しまず素晴らしい堆肥に巡り合うことを望み、頑張っています。まだ収穫期でないので味については今の時点では、はっきり分かりません。しかし、このレポートを出す前に食べてみました。
繊維は細かく触感は良いです、まだ早いので酸味が多かった。
糖度　酸味のバランスが合った時が収穫期11月10日過ぎだと思います。
後日お送りします　『味には自信あります』

5　防除　安全面

最も重要なことです。ムクダイを使用するきっかけでも有りました。今のままでは有機栽培では無い、ただの名でしかない。作る人が安全を確認し、食する人の身に也《なり》自信を持って送り出す。

それが私たち栽培者の使命、喜びで残された道だと思います。今年は暑い日が続き、ダニの発生が異常で防除号外が何度かでました。号外が出るたびSLを散布しました。ダニの防除では、牛乳を100倍で散布して見ました。他の人より農薬散布回数が4回少ないです。

牛乳について…少しですが結果がありました、50倍の効果を来年試したい。
Sについて…病虫害が発生してから散布したので今後観察して行きたい。発生前に何度か散布したら、良い結果が出たのでは。

秋田県のリンゴ

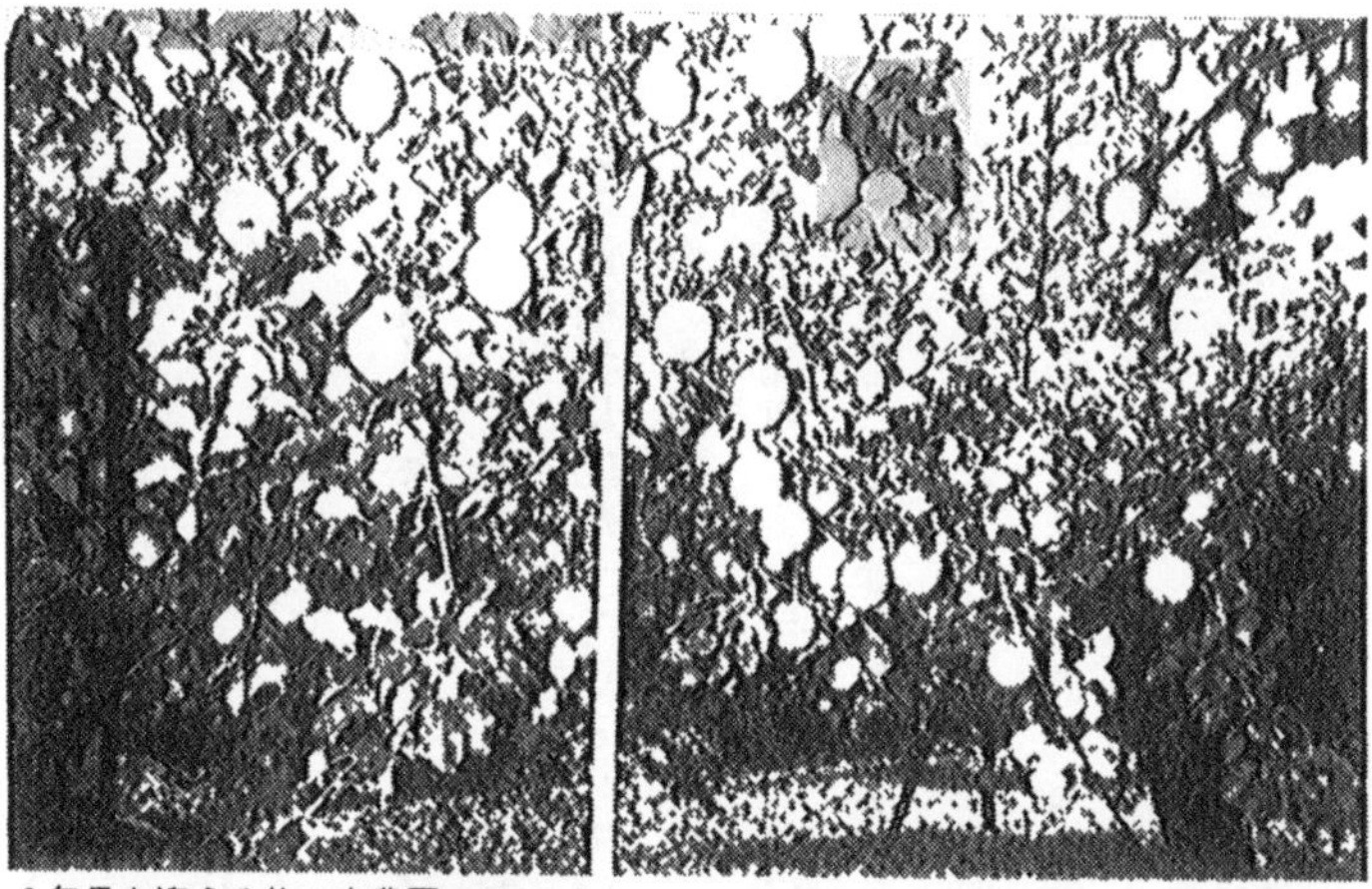

6年目を迎える佐々木農園のリンゴ

栽培者の佐々木隆二さんとご家族

Lについて…私なりに散布のタイミングを、つかむことができた。木の成長変化時
　に散布すると効果大。
Pについて…土中の観察なので解りにくいが、枝全体が元気を取り戻しつつある利
　用目的大である。
Uについて…今年は、使用するタイミングをのがしてしまった。色の仕上げなので
　これからでも良いとおもうが？　とても怖い
木が着色樹勢に向かっているので成長樹勢に傾くのが怖い。

6　まとめ　今後の反省

ムクダイを使用し2年目で私なりに観察して気づいたことを書き留めました。まだ
まだリンゴ栽培としては未熟です、しかし安全で美味しい物を作る意志は他の人には
負けたくありません。今後の農業経営は益々厳しさが増すばかりです。価値有る物
喜んで頂き　幸せを分かちあえる生産者で在りたい。

反省
S　の使うタイミングを、知っているつもりです。しかし私に勇気が無くついつい農薬
　に走ってしまいがちです。

ムクダイ農法で、真の低農薬栽培は、Sを使いこなすことだと思います。リンゴ低農薬栽培のむずかしさを改めて感じた年でした。

『また来年の楽しみがふえました』

この報告書を読めば彼の正義感と不安と好奇心が入り乱れている、心のゆれが伝わってくるのである。しかし彼はそれを克服し、彼の作るリンゴは収量も味もよく「ほれほれちゃん」とネーミングされて、今では市場で高い評価を得ているらしい。できると同時に完売するというから、我々にとってはうれしい限りである。

土壌活性剤「ムクダイ」の種類

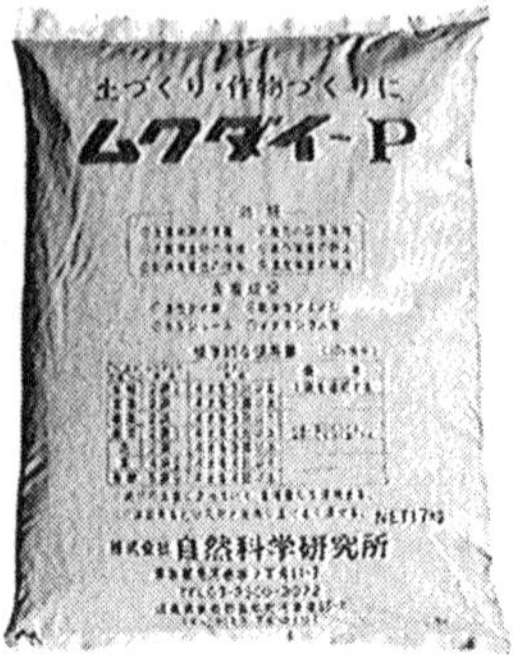

ムクダイＰは、粉体で元肥として使用するように作られている。プランター用として小分けにしたものもある。

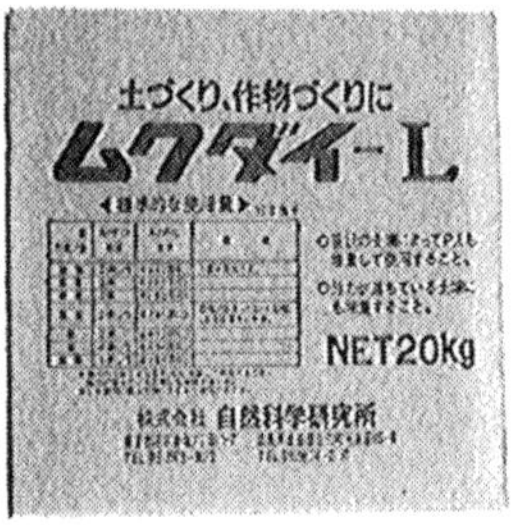

ムクダイＬは液体で、これは追肥として葉面散布ができるように作られている。

ムクダイＵは液体で、殺菌・殺虫の働きはないが、これを葉面散布することで、農薬と同じ効果があるように作られている。

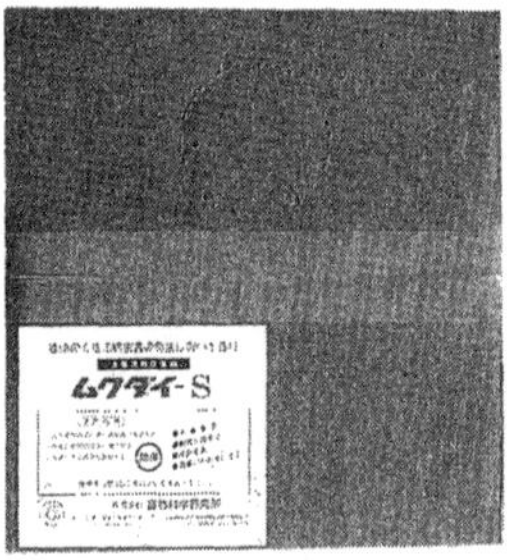

ムクダイＳは液体で、ムクダイＵと同じ目的で作られているが、使用時に希釈濃度を変えることで使用しやすくしてある。

茨城県つくば市の山本昌宏さんの場合

ムクダイ農法実践者の中で一番の変わり種で、ムクダイ農法の不思議な体験をしている、茨城県つくば市金田六三七の山本昌宏さんの話を紹介しよう。

彼は住専に勤めていたのだが、食と農に興味を持ち、やがて自分で安全な食物を作ろう考え、住専をやめて農業の道に進んだ。

農業の経験のない彼は、まず有機栽培をしているグループに参加して勉強を始めたのである。その有機栽培グループを通して、彼はムクダイ農法を知り、この農法こそ本来自分が求めていた農業であると確信したのである。

そして彼は、近所の人の協力を得て、1反程の農地を借りることができ、そこでムクダイ農法に取り組んで、自信をつけていったのである。

現実に新しく農業をやろうとしても、実際には難しい問題が多くあり、彼の場合も新規就農者としての認定を取るのに3年あまりかかったのである。

いま、あちこちで遊休農地を多く見かけるのだが、農家は個人に貸すことを喜ばず、まして畑にハウス等の建物を建てるとなると貸す農家はいない。また新規就農者の認定を受けないと、政府資金が使えないので資金面からも無理なのである。

今年彼はキャベツ栽培をすることになり、2月7日に苗作りをして4月8日に定植したが、5月31日頃、葉の裏側を見ると育虫が20~30匹いるので、手で取ることは不可能なのであきらめたという。

6月7日、たった一週間で外葉の大半を虫に食われ、キャベツはまだ握りこぶしでいかない状態であったため、とてもこれでは光合成ができないから結球しないと思って、彼はあきらめ、状況報告をしてきたのである。

「近所の農家の人が農薬をすすめるのですが、私としては使いたくないので、キャベツはあきらめます」

「それは大変ですね。しかし昨年のハクサイの例もあるから、ダメだといって処分しないで置いて下さい」

と私は言った。

というのも、昨年の11月ハクサイが虫に食われてしまったのだが、私は現場を見ていないので、ほんの少し虫に食われたくらいにしか思わなかった。

「虫も生きていかなければならないのだから、少しは分け与える人間の気持ちがあってもよいのではないかな。虫だって人間を困らせるほどのことはしないと思う」

無責任にもそういったのだ。

ところが、不思議にハクサイは葉を食われた後、結球して最終的には植えた分の80%の収量があったという。その前例があるから彼も、

「わかりました。キュウリ、トマトがありますので、手入れはできませんから雑草と共生になりますが」

「それでよいでしょう」

今度の場合は、ハクサイの時と異なり気候もよくなり、病虫害の時期になるので、彼は完全にあきらめていると私は思った。

ところが、6月20日過ぎに彼から、キャベツが送られて来たのである。

6月20日の収穫日にはやはり80%の収量があったというのである。

私も昨年のハクサイのこともあるので、一度環境現地を見たいと思ってすぐにいってみた。

まだ少し取り残されたキャベツ畑には、みごとに暑い陽ざしをうけて蝶々が飛んでおり、畑は青々とした雑草におおわれていた。その中で外葉が虫に食われて筋だけに

なっておるにもかかわらず、中はしっかりと結球したキャベツを見た。想像しがたい光景を見ているような気がした。

「あきらめていたのですが、急に中から葉を巻いて大きくなったのです。1・5キロもあったので驚きました。見ての通り雑草と共生してできています。昨年のハクサイもこのキャベツも常識では考えられません」

彼は本当に不思議そうにいうのである。

私はこの現実を見ていまさらのように、自然の力を感じ、人間の無力さを感じたのである。実際にキャベツの外葉の二、三枚はどんなによくできていても、出荷時には落としてしまうのだから、虫にやっても何も損していない。

人間のいらない所を虫が食べ、人間が必要とする所は残してくれているのである。

私は自然のなす技に恐れを感じながらも、自然に生かされている生き物から、いかに生きるべきかを教わったように思った。

つくば市の山本昌宏さん栽培のキャベツ

外葉の大部分を虫に食われた状態(6月初旬)

みごとに結球したキャベツ(6月下旬)

ゴルフ場での実施例

ムクダイ農法を推進していくと、当然のようにゴルフ場との関係がうまれてくる。ゴルフ場は全てが芝でできており、その生育に関して多大な経費を使っている。

一般的な常識では、芝の管理の善し悪しでお客の来場数が決まるといわれ、どこのゴルフ場でも、専門の管理者（キーパー）をおいて毎日芝に何百何千万のお金をかけ管理している。ゴルフ場の経営も大変なものだろう。

正直なところ私などはゴルフに興味がなく、そこまで経費と人材をかけ管理するところを不思議に思うが、現実に芝の管理が悪いとお客からすぐ文句が出る。そのうえ世間からはゴルフ場は環境汚染のもとだと非難されたりするので、経営者としては頭が痛いだろう。

よく調べてみると、ゴルフ場の農薬や化学肥料の使用量は、農業に比べて微々たるものだ。ゴルフ場が造られる所は山の中や水源に近いところで、森林を伐採してしまうのが問題視されている。実際に、私の自然科学研究所のすぐ近くにもゴルフ場ができ、それをきっかけに当社の敷地内にある井戸水の量が少なくなり、一年たたないうちに出なくなってしまった。ゴルフ場の正面から五百メートルしか離れていないので当然のことかもしれない。とにかく、森林を伐採したことで水源が変わってしまったことが原因の一つだ。この事実ひとつをとってみても、森林を伐採すれば環境が変わることは間違いないのである。

ゴルフ場の芝の管理で頭を痛めるのは、芝の病気。病原菌によって芝が病気になれば、その部分がハゲたようになり、見た目も悪く、他へ伝染するため、キーパーはすぐ農薬を散布し、病原菌を殺されなければならない。芝の病原菌の活動はある程度予測できるので、前もって予防のため農薬を散布するキーパーもいる。

それでも毎年同じ時期に同じ病気が発生するのはなぜか。多量の農薬を購入し散布をしても変わらない。

芝が病気をすれば、農薬を使って対処する。日本人の多くが、対処療法で解決しようとするので、農薬使用による一時的解決を誰もおかしいとは思わない。

私はよく管理者に対し、

「対処療法では根本的には解決しない。病気が出ないことを根本的に考えなければならい。それには土の性質をもっと考え、病気の根源を解決しないと毎年同じことの繰り返しですよ」

と忠告する。

「対処療法かもしれませんが、農薬を使えば治ったようになるので、今はそれしか方法がないのです」

と管理者はいう。

「水虫も薬をつけると表面を見れば治ったように見えるけど、またすぐに出てくる。それは表面の菌は死んでも、骨の近くに巣くっている菌は死なないからだ。条件がよければすぐにまた再発してくる。芝の病原菌も農薬で表面の菌はいったんは死ぬが、土中の奥にいる菌までは届かないので、また出てくるのだ」

水虫に例えることが適切かどうかはわからないが、ゴルフ場の芝もよく似たもののように私には思えた。

実際にゴルフ場のキーパーの仕事の大半は、芝そのものにそそがれており、土の管理のことをほとんど考えられていない。それでも、最近では芝の病気は土に原因があるのではないかと考え、土をよくしようとし、農薬や化学肥料の使用をできるだけ減らそうと努力するキーパーもふえてきてはいる。

もともとゴルフは英国から始まって世界に広がっており、自然の中にゴルフ場をつくり、自然と共存する形でつくられてきたという。それがアメリカ式のゴルフ場になると、まったく人工的に造られるようになってきた。

日本のゴルフ場もアメリカ式でつくられた。人工的につくられれば、どうしても無理があり、管理自体も人工的になりがち。こうした背景はゴルフをする人（プレーヤー）にも大きな影響を与えてくる。日本のプレーヤーはなにを目的にゴルフ場に来ているのか。お互いに技術を競い合うのであれば、少々芝がハゲていても構わないはず。不都合な所があっても、プレーする人には条件はいっしょで、同じ条件で技術を争うのだから問題はないはずである。また休日によい空気を吸い、運動を目的にするのなら、森林に囲まれた絶好の環境の中、少々芝が枯れていても問題はないはずである。

大半の人は遊びでゴルフをするのだから、楽しく安くプレーできればよいはずだ。だがそのためにはゴルフ場の立場に立って、環境問題を考えてみる必要があるのではないか。プレー費が高いとか、サービスが悪いとか不満をいう人はあるが、ゴルフをすること自体自分の遊びなのだから、楽しく安くプレーするために、もっとゴルフ場の事情を考え、自分の行為も反省すべきところはすべきだと私は思う。

テレビで放送されるゴルフ番組を見ていて、私は腹立ちを覚えることがある。それはプレイヤーが強打して大きく芝が剝がれも、そのままにして立ち去るからだ。剝がされた芝が根を上にむけて太陽の光にさらされているのを見ると、私はかわいそうで哀れで仕方がない。いくら有名なゴルファーであろうと、許せない行為ではないか。なぜ、剝がした芝を元に戻さないのか、芝も生きものだ。心をくばってこそ一流のプロである。ましてや多くの人が見ているのだから、プロの行為の影響は甚大である。プラスチック製のティーを芝の上に置いたまま帰る人も多く、後でキーパー達が拾って回っている姿も、また哀れである。

ほんの少しの心使いで、管理費も管理の手間もはぶける。ゴルフのマナーについて知らない人のためにも、プロが率先して手本を示してもらいたいし、テレビの放送もただ競技だけの報道でもなく、そうしたゴルフ場のマナーも気をくばっていただきたいと思う。

一般の人はゴルフ場の芝の管理がいかに大変であるか知らない。多くの人の手で管理され、死なないように、弱らないようにと日夜見守られながら生きる芝生。

私は管理者にも提言する。

「病気の出ないような土にしましょう。そのためには私たちで土をつくるのです」

長い間キーパーたちは芝の管理をし、土の管理はしてこなかった。これまで薬剤メーカーの指導のもとで管理をしてきたので、いまさら薬剤を換えることも無理だろう。もし薬剤を換えたために芝に病気が出て、それが広がってしまっては、と恐れるからだ。

だが、農薬や化学肥料メーカーの資材だけでは、問題を解決することはできない。どこのゴルフ場も困っていることだ。春ハゲ（リゾクトニア性）からラージパッチに移行して、春には丸く円を描いたようなハゲになる病気。原因は菌であることはわかっているが、農薬を使っても春と秋に必ず発生する。

ある有名ゴルフ場に四月末に行ったとき、ラージパッチが大きく広がって困っていたので、ムクダイ農法を勧めると、半信半疑ながら試験的に使ってみようということになった。比較試験のような形で実行された。

その後、五月末に行ってみると、不思議にもムクダイを散布した所は完全回復をしていた。189ページの写真でもわかるようにムクダイを使った所と、使わない所がはっきりと違っているのである。

また別のゴルフ場から電話がかかり、一度見に来てほしいという依頼で行ってみると、五番ホールに案内された。二年前この五番ホールはパッチ病が多く発生し、ムクダイ農法を全面的に採用したという。ところが今は見違えるようによくなっているのだ。一年目は少し病気が出たが、二年目になるとまったく出ないどころか、どのホールと比べても芝が元気よく上を向いて立っているという。歩いてみると、まるでふかふかした絨毯の上を歩いているような感じだった。

キーパーは満足そうに、

「一年目は、病気が出てやはり駄目かと一瞬思いましたが、二年目には本当に病気が出ないので驚きました」

「あなたが、私どもの施用通り使ってくれたからです。大抵、最初はめんどくさいといって省略するのですよ」

「正直なところ、長く使わないと本当のムクダイのすごさはわからないですね」

私たちはそんなふうに語り合った。

実際に農薬を使っても治すことができない病気は、農薬を使わずに土の力で治し、自然の力で治すのである。だからこそ人間は深く反省をし、自然の力を認識しなければ

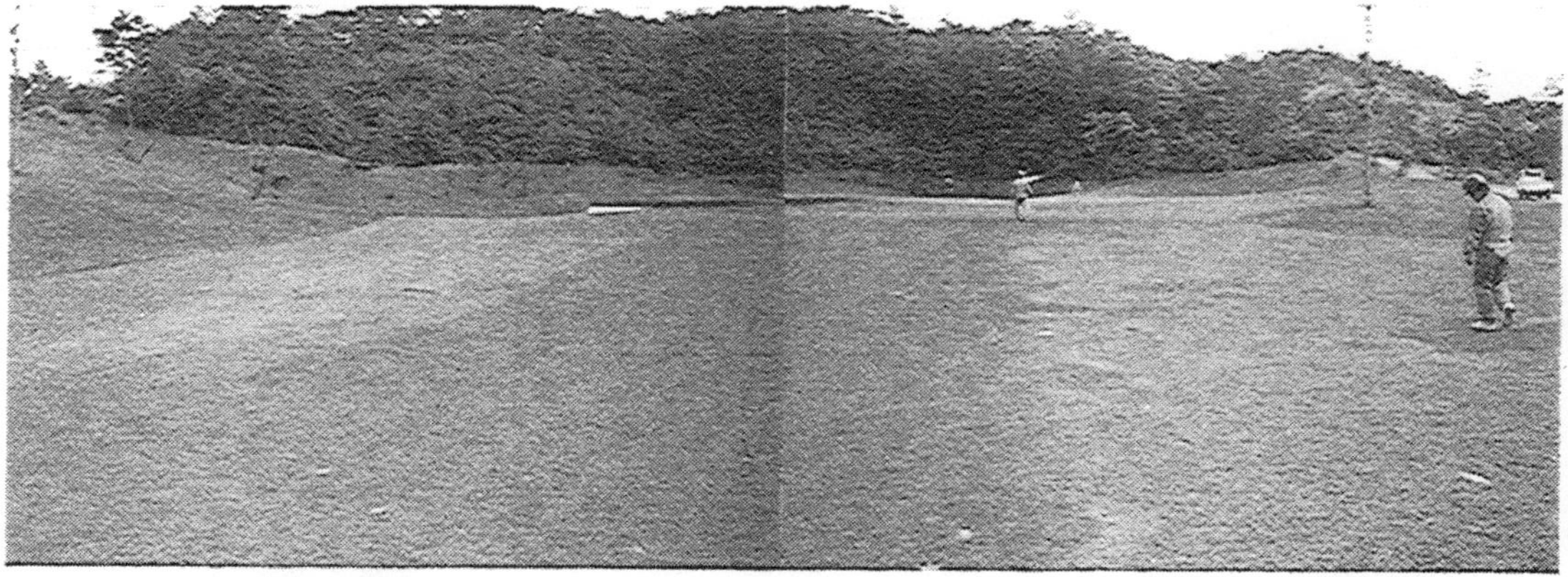

広島県のある有名ゴルフ場の芝生の状態
〈中央がムクダイ散布場所〉

芝生への実施例

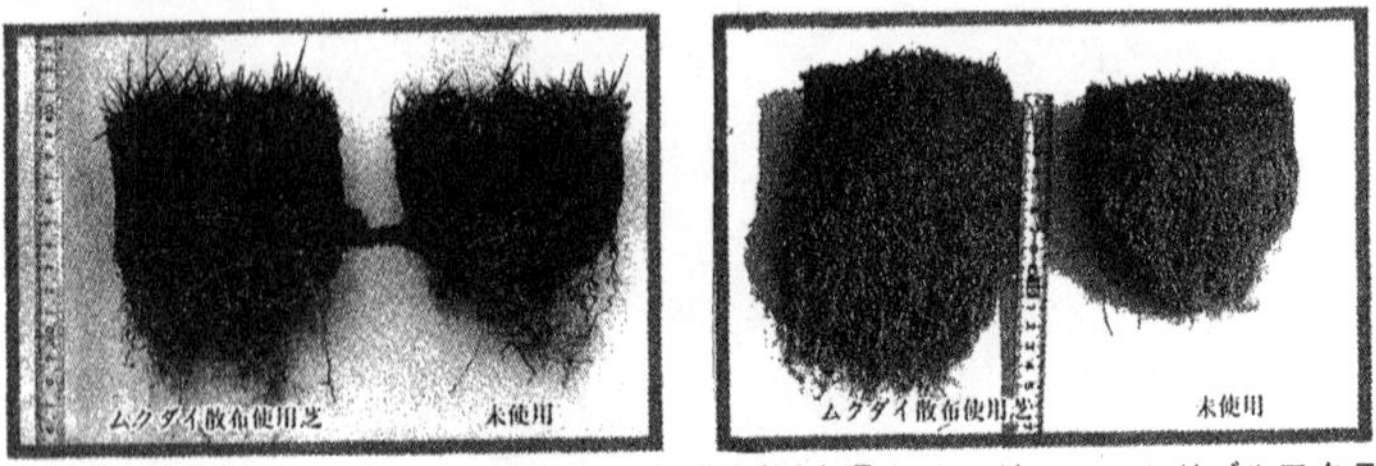

ムクダイを使用した芝生の例。左写真は高麗芝（栃木県ウイングフィールドゴルフクラブ）。右はベント芝（栃木県那須グリーンコース）

ばならない。

農業と一緒で、目に見える部分だけに気をとられ、目に見えない元を忘れてはいけない。いつまでも対処療法に追われているようでは、ゴルフ場の将来は暗いだろう。

第3章

ムクダイ農法を実践して

ケイ素とは

炭素族元素の一つ。元素記号Si、英語名silicon（シリコン）。地球を形づくる元素としては二番目に多く、岩石や土砂の主成分である。セメントやガラス、セラミックなどの工業原料になっている。高純度なものは典型的な半導体である。

活性ケイ素とは

最近、ケイ素ブームでいろいろな商品でケイ素という言葉を耳にするようになってきた。特に、農業・園芸等の分野でケイ素を使った物や商品が多くなっている。しかし、これらの物は、基本的にケイ酸を使用している物がほとんどである。このケイ酸は多孔質なので、そのまま使用しても保水等の効果があるが、ケイ素自体の効果は全く期待できない。それは、ケイ酸という物質（ケイ酸のほとんどは鉱物）を土に入れても、分解するには10年以上もかかってしまうからである。しかし、自然科学研究所の活性ケイ素は、ケイ素の本来の働きである植物や動物の生長・耐性などをよくする働きを、土に入れて早く効果が出るようにしたものである。植物や動物などの生長及び耐性促進＝生物活性のケイ素で、活性ケイ素と呼んでいる。

「ムクダイ」とは

「ムクダイ」（商品名）は、活性ケイ素を原料として作られた土壌改良剤であり、畑などに入れると弱っている土を元の元気な状態に戻す土の回復剤である。土というと単なる鉱物としかみられていないが、土の中は微生物や菌、小動物の世界で構成されているのである。化学製品（化学肥料、農毒薬など）を土に入れると、これらの生き物の住めない環境になり、やがて土は単なる鉱物となり、その上には植物は育たなくなってしまう。地力の弱っている土はこのようにしてなるのである。しかし、「ムクダイ」を使えば、活性ケイ素の力で微生物や菌が活性になり、「ムクダイ」の中に含まれているアミノ酸を食べて、土を元の状態に戻し、植物が育つために最適な自然の生態系を作る（これが自然の形）。この効果により“土に力が戻る”といっているのである。

第4章

未来への提言

自然との調和

人としての務め

月日が天高く輝き、あまねく万物を照らして、ありのまますべての物を抱く。大自然を通じて生物が生かされ育まれていることを否定する人はいないが、日々の生活の中にそれを実感して生きている人は少ない。

地球に起こる自然現象は人間の都合だけで起こるわけではない。それなのに日照りが長ければ文句をいい、雨が続いても、風が吹いても文句をいう人間。自然は人間だけのためにあるのではないことを、もっと実感しなければならないのだ。

夏のじりじりとした焼きつくような太陽は、われわれを何をするにも面倒にさせる。しかしこの厳しい真夏の陽射しを浴びて稲は健やかに成育し、自然に開花し、実りの時を迎える。人間に不必要かもしれない暑さが、稲にとってはなくてはならない自然の恵みであり、その実った稲が米となり人間を育ててくれる。

生きるものはすべて等しく自然の恵みを受け、生かされているのであり、人だけが生きているのではない。

人は自分が生かされている立場を忘れ、一人で生きていると思い違いをするが、自分たちだけでは何もできないし、生きられないということを、もう一度思い起こす必要があるだろう。

自然の恵みがあってこそ生きられることに気がつけば、自分のまわりすべてのものに感謝の気持ちがわいてくるはずである。

変わらなければ…

世の中をよくするも悪くするも人間である。

人間の心のもち方一つで、幸福にも不幸にもなる。よくなるためには人間として自然の道に沿った歩みをすること。そのためには自然を知ることが一番大事なことなのだ。

自分が長い間歩み学んできたことを急に変えることは、非常に難しいが、時代と社会が変われば、それにあった歩みに変える必要もでてくる。自然は永遠に不変であるのかもしれないが、人間社会は不変ではないから、自然をよく知ったうえで社会へと適合しなければならない。

先日、熊本を訪れた時、新しい農業に一生懸命取り組んでいる橋本さんという方にお会いした。彼の体験談を聞きながら、私は感動を覚えた。

彼は東京農業大学で学び、海外青年協力隊に参加してアフリカのセネガルへ農業指導に行った。彼の頭には大学で学んだ農業の知識がいっぱい詰めこまれており、自信を持って乗り込んだはずだった。ところが現地に着いてみると化学肥料がどこにもなく、日本から送られてきた農薬のスミチオンだけが山のようにある。

彼は自分の農業知識をもとに、作物を育てるための施肥計画をしたくとも、窒素、リン酸、カリがないため計算ができない。困り果ててしまったという。

だからといって化学肥料がないからという理由で帰るわけにもいかず、考えたすえに有機質を集めて堆肥を作ることにしたそうだ。

今まで彼は堆肥などつくったことはなく、知識も豊富ではなかったが、とにかく堆積して腐らせることだと考え、よく腐らせそれを元肥にして作物を作ったのだ。するど作物はよく育つ。彼はその結果をみて頭が混乱したという。また、長い間勉強し、教わったことが何一つ役にたたないことにも失望したという。

日本では作物に必要な養分を計算し、窒素、リン酸、カリの量を施肥計算してつくるのが常識となっている。だからこの過程を踏まなければ作物はできないと思っていたのである。

彼は自分のつくった堆肥に窒素、リン酸、カリなどが必要量含まれているだろうかと考え、パスツール研究所に分析を依頼した。しばらくして研究所から分析結果が出た。その分析表を見て彼は再び驚いた。彼が今まで必要だと教わった養分のほとんどが、含まれていなかったのである。それなのに、作物はよくできた。

「これはいったいどういうことなのか」

彼は、この疑問が頭から離れず、3年の任期を終えて日本に帰ってから、疑問を解決するために大学院に入った。

そこで私がたずねてみた。

「大学院で研究して解決しましたか?」

「いいえ」

彼は大学院を卒業し、熊本に帰って、有機農業の指導をはじめてから、ようやくなにかわかりかけたような気がしてきたという。

それは〝土が作物を育てる〟ということだったそうだ。

化学材料で土を育てる勉強をし、化学材料で肥料をつくるものだと教えられた人間にとって、セネガルの経験がなかったら頭を切り替えることができなかったはずだ。

私は彼のような経験を山ほどしてきているので、彼のいうことを真実だと思える。今までに活性ケイ素の力による数々の素晴らしい実績をもっていても、農薬や化学肥料を使わないで十分に作物ができ、味もよく収穫もよい実績をみせても、人は本気にはしない。化学や農業のわかる人にいたっては、自分の知識と経験だけで判断し、あくまでも自分の知識を正当化しようと理屈をいい、新しい農法を頭から否定して、話を聞こうとさえしないのである。

こちらのいうことが今までに見たことも聞いたこともない上に、常識からは考えられないことだから、それは無理もないことかもしれない。

そんな場面になると私はいつも心の中で、

「自然をみろ！　あなたがたが考えもしない、思いつきもしないことが、いくらでもあるではないか」

と叫んでしまう。

自然の中には、科学で説明のできない事柄はいくらでもあるのである。

しかし、この橋本さんのように、自分で体験して本当の土づくりに目覚め、「土が作物を育てる」ことに気がついて、取り組んでいる人たちもいる。

他にもこれまでの農法ではいけないと、独自に研究を重ね、本当に無農薬でやっていらっしゃる農家の方々も少しづつ増えているという。それは大変喜ばしいことである。できたらそういう方々と一緒にこれからの農業問題に取り組みたいと思う。また、地力の衰えに悩んでいる農家の方々のお役に立てれば、本当に嬉しい限りである。どちらにしても農業は結果で判断するしかない。理論、理屈では農業はできないのだ。

人間の浅知恵で自分のみを生かそうとすることは自殺行為に等しく、ものごとの進歩を遅らせるだけでなく、そこからは決して新しいものは生まれてこないだろう。

大きな流れのままに、冒険や新しいことをしようともせず、ひたすら自分のことだけを考えていく世の中で、ケイ素化学を研究し続けてこられた立木先生たちのチャレンジ精神や信念は、偉大なものだ。

世間の壁と偏見が立ちはだかっているなか、世間に認められることも少なく、ほとんど報いられることもないことに、ひたすら努力される先生たちを見ていて、若い頃の私は正直いって理解ができなかった。しかし、そんな姿を長い間見ているうちに、次第にわかってきたのである。先生たちは報われようとして努力しているのではない、世のため人のために努力している、と。

簡単にいえば「得んとすれば与えよ」である。

なにかにつけて先生は、

「人を喜ばすことを知らない人は、自分の真の喜びを知らない」

といわれ、子供に乳を与える母親のことをよく話された。

貪欲な人間社会の中で母親だけは惜しみなく自らを与え、我が愛児に乳房を含ませることを喜びとして、いささかの報いも求めず、ただ与えることだけを喜びとしている。喜びとは人に与える喜びであって、与えられた人がそれを喜ぶことによってこちらも本当の喜びが生まれてくる。ただ与えられただけの喜びは、その場だけの喜びにすぎない。

人間以外のことを考えても、同じことだ。

施肥をしないで収量を求め、また飼料を与えないでよい鶏卵を得ようとするのは、無理な話である。よい肥料、よい飼料を与えてこそ、よい収穫となるのだ。また、単に有形のもののみにとらわれることなく、「生命力」に対して、これを愛し育むという無形の「まごころ」をそそぐことが、大切なのである。

1つの野菜をつくるにも、1羽の鳥を飼うにも、あるいは一家の営みも、会社経営も、国家の運営においても、道理はすべて同じである。

自分だけ、という欲を捨て、人のために一生懸命になってこそ、自然の恵みを受け、人間は生きられるのではないだろうか。

太陽のように、光と熱を惜しげもなく人間に捧げている大自然は、やはり偉大なのである。

土を大切にする

不幸は知らず知らずのうちにやってきて、気がついたときには手遅れとなることが多い。それはまるで人間の病気と同じようにも見える。

人間が自然を知り、自然と調和をとった歩みをしないかぎり、この不幸から抜け出すことはできないし、自然から離れてしまった人間に繁栄も希望もおそらくないだろう。

なぜこのようになってしまったのか。それは高度成長の波に乗って自然の摂理を忘れ、一番大切な母なる大地を傷めてきたからである。

植物をとってみれば元は根であり、根の元は土である。土が悪ければ根は育たず、根が育たなければ葉や花や実はできない。先祖がいないと親が生まれず、親がいないとその子供はできないのと、全く同じ原理である。元を粗末にすれば粗末な結果しか生まれないのだ。

目先のことにとらわれて、元を忘れて努力しても、霞のごとく消え去っていくのである。どんなに汗水流して努力しても報われないのだ。それは元を大切にしないからである。人間でいえば先祖や親、植物でいえば根、根でいえば土を大切にしなかったということである。

親がよく子供にいう。

「親の気持ちも知らないで」とか、「親心も知らないで…」と。

大自然も我々にそういっているのではないだろうか。

風が吹けば倒れないように踏ん張り、日照りが続けばせっせと水を吸い上げ、土から栄養を取り、休む暇もなく夜も働いている。土の中なので誰も見えないし、その働きはわからないが、子を思う親のように、根は活動している。

世の中の大半の人はこの根の存在を忘れて、見えるところだけを重視した生活をしている。しかし、それでは真の幸せを築くことは難しい。

人間は、形にとらわれる動物であるから仕方がないが、この世の中で人間は形ある宝のみをあまりにも求めてはしないか。求め過ぎては失い、喜びを失っては泣き、骨肉も相食み、同胞も相争って勝ちては驕り、敗れては恨む世の中になっている。

買い物でも、曲がったキュウリは悪く、真直なキュウリはよいものだと思いこんでいる。よく考えてみると、曲がったキュウリも真直なキュウリも同じ根からできているから、中身は同じである。ただ見た目のよさだけで判断するのはおかしいのだ。

野菜も、色の濃いほうがよいと思われているが、それは化学肥料の窒素のせいでそうなっているだけで、昔の野菜はもっと淡緑黄色、わかりやすくいえば薄かったのである。大量生産ともなると人手がいる。どうしても化学肥料と農薬を使わなければならない。農薬を使えば虫自体に耐性も備わり、それに勝るためにさらに強い農薬を使わなければならなくなる。まさに悪循環である。

現在、このような薬品漬けの危険な作物が世の中に反乱しているが、この責任は生産者、消費者のどちらにあるのか。

消費者は、

「そんな危険なものをつくって売る農家が悪い」

というだろう。

「あなたたちが求めるからつくっているのだ」

生産者はこういうだろう。

難しい問題であるが、消費者が今ある現状を知ったらどう思うであろうか。実際にこんなことも行われているのだ。

広島県の北部のある農家では、専業でキャベツをつくっている。その農家のつくったキャベツはスーパーでも名前入りで高く売られ、広島で一番よいものとされている。その近所の人たちは以前はよくそのキャベツをわけてもらっていた。ところがある時、その農家がつくっている状態を見てから、誰一人としてもらいにいかなくなったという。

その農家は大量の農薬を散布していたのだ。悲しいことに、現在でもスーパーではこのキャベツがよく売れている。売れるということは、買う人がいるということだ。生産地では、タダでも持っていかない危険なものが、街中では見た目がきれいという理由で高く売れ、よいキャベツとして評価される。知らない消費者は高いお金を出して危険を買っているのである。

こういうこともある。ある農家に行った時、農協の職員が虫の食っていないキャベツだけを集荷し、虫の食ったキャベツを別の場所に集めておいておくと、それを買いにきた人がいた。その人は、無農薬、有機野菜を看板にしているスーパーの人だという。

なるほど、虫が食っているから農薬を使っていないと消費者は思って買うのであろうが、農薬を使っていても虫に食われている場合がある。虫が食う、食わないは、有機野菜かどうかを知る判断基準にはならないのである。（第三章のムクダイ農法実践者の声を参照）

消費者を馬鹿にした話である。

また、このことは野菜だけの話ではない。

以前、就職の世話をしたことがある青森の青年が、ちょうど学会で上京した私を訪ねて来た。

「親がつくっているリンゴを持ってきましたので、食べてください」

彼と一緒にリンゴを食べながら、就職先の会社のことなど、いろいろ話をしていた。私は彼が持ってきたリンゴを見た時、見た目が悪いなと思った。表面に小さな穴があいたようになっていて、八百屋の店先で見かけるツルツルと光沢があるリンゴとは違っていたからだ。ところが食べてみると、水分があり、甘くてとてもおいしい。

「とてもおいしいね。今度からは君の町のリンゴを買うことにしよう」

というと、彼はそれはやめたほうがよいといい、自分の町のリンゴづくりについて教えてくれた。

リンゴは「薬でつくる」といわれるほど、病気や害虫に非常に弱いという。そのため多くの農薬が必要となり、病気になろうものなら3日に1回は農薬を散布するという。危険な話である。おまけに化学肥料ばかりやって土が悪くなっているため、味もよくないらしい。彼が持ってきたものは自家用で、身内が食べるものとして出荷用とは別に低農薬、有機肥料でつくったもの。だから市販はしていないというのである。

私はこの話を聞いてから気になり、防除暦（いつ、どんな農薬や、肥料を使えばよいかが記されている農業用の暦）を探してみた。すると驚くことに、使用される農薬や化学肥料が30種類にも及んでいるではないか。彼が私にいったことが、真実味をおびてきて、恐怖と怒りを覚える。

農薬も、まだ畑でまかれているうちは仕方ないと思えるのだが、出荷直前にまくという危険きわまりないことも、実際には行われている。

現代の農業がいかに乱れているか、これらはその一例にすぎないが、なぜこんなことになってしまったのか。真の農業は忘れ去られてしまったのか。

真の農業とは、人間が土を育て、土が作物を育てることだ。ところが、今の農業は土を粗末に扱い、見えない根の存在を忘れてしまっている。

植物を育てはぐくむのは根であり、その根は土によって育てられている。生産量をあげなければならないという理由から、土を無視し作物中心に考えてきたため、化学肥料で作物を育てるという悪しき農法が定着してしまった。土の力を利用せず、化学肥料を多用したため、作物は見た目にはよくできているが、土自体が弱り地力は失われてしまった。地力が失われると、農家はさらに追いうちをかけるように化学肥料を投入し、土の死を促進させたのである。

もともと土は植物を育てる役目がある。健全な母体に健全な子が宿るように、土が健全であれば植物は病気をせず健全に育つ。しかし、一度だめにしてしまった土を甦らせるのには、とても長い時間が必要となるのだ。

人は形にとらわれてしまう。目にきれいに映り、華やかに見えるものに心が自然と動く。そのため本当の姿が見えなくなり、間違った方向へと進んでしまったようだ。

国民一人ひとりの自覚

人間がいかに無力で愚かな動物であるか。それを自覚しなければ、よい世の中にはならない。自然に生かされている存在である人間は、自然に逆らっては生きていけないのである。

例えば火山の噴火ひとつとってみても、わかるはずだ。静かだった山が急に噴火すれば、もはや人間の力ではどうすることもできない。日照りが続いて雨が欲しくなっても、思い通りに雨を降らせることはできない。

己れを深く反省し、自分本位の考えではなく、万物のため人のためにと考えなければならないゆえんである。

世の中が悪い、社会が悪いからといって、なんでも世の中のせいにするが、そんな世の中をつくったのは人間である。人間一人ひとりが悪ければ悪い世となり、一人ひとりがよければ良い世の中となる。

世の中は社会に責任があるのではなく、人間一人ひとりに責任があり、その人間が集まって社会をつくり、国を形成している。

国や社会をよくするのも悪くするのも、そこに住む人間の責任であり、我々の自覚ひとつであることは間違いない。

農業問題を考える場合、政治が悪い、農協が悪い、農家が悪いと批判するだけではどうしようもない。一人ひとりの心によってよくしていこうという以外に、方法はないのである。

愚かにも人間は見た目がきれいで形がよいものに心が移り、欲する。トマト、キュウリ、ミカンなど色艶のよいもの、形のよいものを選んで買う。また、旬に関係なくいつでも欲しがる。だから生産者や流通業者が知恵を絞って、消費者の期待に応えようと、薬品や肥料を使い、消費者に、高く売っているのである。

どちらが悪いともいえない問題ではあるが、消費者側から行動を起こせば解決が早いかもしれない。

見た目が悪い野菜でも消費者全員が買うようになると、農家は農薬を使わなくなる。また有機野菜だけを買えば、農家は化学肥料を使わなくなる。

今こそ一人ひとりの自覚が必要であり、よいもの（真実）と悪いもの（嘘）との本質を見極める心をもたなくてはならない。

「きれいなバラにはトゲがある」

このたとえ通り、表面だけの美しさの奥に毒があることも多い。視覚だけで判断せず、心の目で判断してほしいのだ。

ものの本質は「しん」である。コマでも「しん」が曲がっていればスムーズには回らない。

どうしても見た目に心が奪われやすいので、奥にある本質がとらえにくい。本質がわからないから、騙されたとか、裏切られたとかいって、人のせいにしたり、社会のせいにしたりする。

日常の生活の中でこれに似た経験はたくさんあるだろう。その度にだまされたと思うが、深くは反省しない。ほとんどが自分の都合だけで選んでいるからである。

人間の顔形がそれぞれ違うように、考え方も違うのはあたりまえであるが、本質(しん)は一つであり、「しん」が狂わなければ間違うことはない。

農政は政治家や官庁、農協が悪いとよく非難される。しかし、非難するだけではいつまでたっても解決しない。行動を起こしても「しん」を間違えた人たちが行動すれば、よくはならないのである。一番大事なのは一人ひとりがそれに気づき、自覚をして実行していくことなのである。

ある雑誌に『……農協の本心は、これまで国内の農産物を扱い金儲けをしてきたので、これを守りたいというところがあるのです。彼らは自分たちが国内で売っているものに対して、どれほどの安全性を考えているのでしょうか。それどころか農協は農薬や化学肥料をただ農家に売りつけることだけ考えています。彼らは減反が1割おこなわれても、農薬と化学肥料を使わせ、収穫を2割増やせばいいと平気でいっています』と書いてあったが、これこそ「しん」を間違えていることといえよう。

しかしいくら非難しても、現状を嘆いても、現実はそんなにかわりはしない。

人間の生き方、考え方に実は本当の問題があると私はいいたいのである。

人間が生きていくために絶対に果たさなければならない責任、生きるために知らなければならない事柄は、その根本がわからないと解決できない。

万物は大きく分けて動物、植物、鉱物に分類される。

人は動物の中に入るのだが、人は万物の長として、すべてを支配する役目を担っていると思う。

動植物は、生きて人のためになり、死んで人のためになる。鉱物にしても、人のためにいろいろと役目を果たしている。動物、植物、鉱物すべてが人のためとなって責任を果たしているのだ。

では、人はその役目や責任を果たしているのか。

人が人間のためにのみ生きているのでは、動植物と同じである。世のため人のためになってこそ人間である。

与えられた役目を少しも果たさないものに、自然は味方しない。自然の力の働きがないと、人間は幸せにはなれないことをもっと自覚する必要がある。

人間が万物の長として威張り思い通りにしている姿は、自然から見れば、はなはだ不愉快なことであり、心ある人間からみても心苦しい。

実りゆく稲穂は頭を低く垂れるが、1粒万倍の力となって人間を生かしている。実らぬ稲穂は頭をつんと立てて、鳥の餌にしかならない。

人間も、実った稲穂のように低くやさしい平らな心で和を求めて生きていけば、自然と調和がとれて、お互いを生かしあえるのである。そうすれば環境問題など起こりえないはずだ。

一度壊した自然は、なかなか戻らない。人間には自然をつくる力がないことをよくよく知らなければならない。

土づくりを考えてもそうだ。失われた地力はすぐには戻らない。いろいろと手入れをして、時期をかけ自然に戻さなければならないのである。急速に戻そうとすると無理があり、無理があれば自然と調和がとれず、かえって自然破壊となるのである。人間はすぐに結果がでないと信用しない悪い癖がある。しかし、時間をかけ無理のない形で治していくことが大切なのである。

今こそ人間がこの大自然の万物に対して愛をもって報いなければならない。そのためにも、人としての務めを果たすことが大切だと思うのである。

できることとやるべきこと

人間が幸福に生きていくためにはやるべきことをし、できることを実行に移さなければならない。自然の力によって生かされていることがわかっていても、現実にどう行動して、実行したらよいかを、考えなければ意味がないのである。

それぞれの立場が違えば、仮に理念がいっしょでも方法や手段が違ってくる。幸せになろうという思いは一つでも、消費者と生産者では違うし、産業界や流通業者からみればまた違うのである。

しかし真（しん）は一つであり、親がいなければ子はできないし、親を殺せば子は育たない。農業でいえば、土がなければ作物はできないし、作物の根が死ねば決して作物は育たない。だからどんな時でも根本を抜きにして解決の道はないのである。

農業だ、土だといえば都会の人に関係ないと思うだろうが、いまや無関係ではいられないだろう。

実際に都会に住んでいる人のほうが不健康に悩み、子供のアトピーも都会の方が多いからである。

私がみたところ、都会の人は、自然の恵みと触れ合うことが少ないために、自己本位の生活になっているように思う。

その一例として、都会で生活する子供を見ればよくわかる。大地の恵みについて何も知らないから、土の中で働いている小動物を見て怖がったり、わけもわからず殺したりする。ひどい子供になるとスーパーで魚のひらきを見て、この状態で海に泳いでいるものと信じているという。

子供は親をみて育つというが、親自身がもしかしたらわかっていないのかもしれない。毎日の食生活で、この食物はどこの誰がどうやってつくっているのだろうかと、一度でも考えたことがあるだろうか。ほとんどの人はそんなことを思わずに食べているのだろう。だから子供にも教えることがない生活をしているのである。

今の日本では自然教育がまったく失われている。

だから、農薬など毒入りのものを食べさせられても、気づかずに平気でいられるのだ。それどころか今や日本人は滅亡へと向かっているのではないか。

人間は子孫を残さなければ人の務めを果たせないが、現在不妊者が増え種族繁栄の危機が迫っている。男性の場合も精子が減ってきているらしい。昔は精液1CCに精子が1億近くいたのだが、今では半分の5千万ぐらいだという。そしてある調査機関によると、年2パーセントずつ、精子は減っているという。そうなれば人類は自然に消滅していくことだろう。

この現象は食からくるのだと、多くの学者はいう。

なぜなら人間の身体は腎臓でも肝臓でも精巧にできているが、それらは細胞が退化し、また新しい細胞をつくるという新陳代謝によって維持されている。その新陳代謝をおこなうのが血液である。そして、その血液をつくるのが他ならぬ食べ物なのである。

土が栄養失調になっているから、そこでできる作物もそれ以上に栄養のバランスが崩れ栄養失調になる。それを食べる人間はさらに栄養のバランスが崩れ、知らず知らずのうちに障害を起こしているのである。

都会に住む人は、こうした産地の実態を知らなければならない。知っていればまっすぐのキュウリがいいもので、曲がったキュウリが悪いものと判断しなくなるだろう。同じつるからできたのに、キュウリの形で差がついた理由は、流通にもある。キュウリを箱詰めする時、同じ太さでまっすぐであれば詰めやすく、輸送の時に中身が動かない。傷つかないからロスもない。曲がったキュウリや長短のキュウリが混ざっていたのでは、箱詰めしても輸送の時に傷がつくし、動かないようにするのに手間がかかるのである。流通業者の都合が反映されているのだ。

消費者はもっと実体を知った上でうえで、産地に、流通業者に、行政に対して声を大にして叫ばなければならない。できれば、生産された土壌の残留薬品や、その土壌でできた作物の残留薬品を分析し、それを数字にして知らせ、消費者はこの数字をみてものの選択を自由に判断できるよう、要求するべきであろう。

どちらにしても、これからは消費者から生産者の顔が見えるようにしなければならないのではないだろうか。

今後の農業に求められるもの

私が農家を歩きながら深く感じることは、ひとことでいって農業を取り巻く環境を変えなければならないということである。

それは過去の農業に訣別して、新しい農業を構築していくことを意味する。今ここで国と国民が真剣に考え、正しい選択をしていかなければ、日本や日本の農業、ひいては日本人そのものの存在も危うくなるかもしれないのである。

新しく変えなければならないのは、農業の基本的要素である「技術」「農地」「資金」であろう。「技術」といっても一番大切なのは、消費者のニーズに答える農産物の生産に必要な栽培方法。つぎに農機具、施肥、防除、土壌管理に関する技術から、収穫した農産物を市場や消費者に出荷販売するための技術、さらには収入支出の管理経営する技術などである。それには今までと違って地域集約型にすることが、理想の形だと私は思う。

正直いって、今まで国が進めてきたこれらの技術は、消費者のニーズにあっていない消費者不在の技術であった。どちらかといえば農業政治が重点的に考えられており、生産者も消費者もあまり重きをおかれていない技術であった。

国民のニーズは時代とともに変わっていくが、その移り変わっていくことを無視して、旧態依然の技術が後生大事に守られている。

例えば、早くから薬害問題や連作障害などの問題が起き、世間を騒がしていたにもかかわらず、技術として農薬や化学肥料を中心とした研究しかせず、そこから抜けだそうとはしなかった。

ある中央農協に行った時のこと。

現在の消費者は安全でかつおいしく安い品物を求めていることは、彼らもよく知っているのだが、県の農政や農協の組織から考えて、簡単には動けないし、指導変革もできない。

そして彼らは、

「今消費者が何を求めているかは、わかっているつもりです。しかしすぐに対応することはできません。あなた方のいうように、農薬や化学肥料を使わないでできることが一番いいのですが、それを実行に移すことは難しいのです。そのためには公的機関の御墨付きをいただいて、県の農政部や農協の上層部の許可が必要となります。なにぶんにも組織的に動いてますから」

という。

まるで農協自体が役所化しているといえよう。私は、いくら話しても無駄であると思ったので、

「耳が痛いでしょうが、ひとこといわせてください。あなた方のいう通り、強大な組織で動いていると思うようにいかないことはわかります。しかし、農協の組織は農家のためにあるのであって、行政のためにあるのではないと思うのです。あなた方のほうで農家のためになることを、もっと積極的に取り組んでいくべきではないでしょうか。あなた方の話を聞いていますと、まるで役所の出先機関のように思えてくる」

とつい私もいってしまったが、彼らはあくまでも建て前論のみを話すのであった。

これでは農家は発展しないし、儲からない。若者はどんどん離れていき、農家の経営管理は必然的に農協にまかせきりになり、主導性が失われていくのである。

今までに農協が、農家に対して農産物の生産から加工、販売までを視野に入れ、消費者のニーズの変化に的確に対応できる指導をまったくしてこなかったため、農業経

営を担う若くて意欲のある若者は、農業から離れていってしまった。

農業機械にしても、農地から見て大きすぎる機械ばかりを購入するため、効率が悪くなっている。購入した農業機械代金の返済に追われて「機械化貧乏」となり農家の家計に負担をかけている。こうしたことにも適切な指導がなされなかったことの一つであるといえる。

こうした「技術」の遅れが、日本の農業を衰退させたといってもよい。

『ではどうすればよいのか?』

それは国民が求めている安全でおいしい、安い食料をつくることである。そのためには農薬や化学肥料を使わないで、自然と同じように土につくらせればよいのである。自然の形でそれが困難ならば、新技術を開発し、導入していかなければ解決しないだろう。

ところが悲しいことに、まったく新しい技術は、これを採用すれば今までの既得権が失われるため、簡単には採用されない。これは、「ムクダイ農法」でも同じであった。

農機具も同じことで、最初は動力がひとつでいろいろと農機具の役目をこなしていたのだが、いつのまにか動力は固定され、専用機具となったため、農家は2台以上の農機具をもつようになった。

政府も近代化農業として近代化資金を使わせ、次から次へと購入をあおった。そして機械がゆき渡ると、今度は農家の台所や家までにもおよんだのである。これらはすべてメーカーから農協を通して農家に売られたものである。こんなことが本当に農業の近代化になるのだろうか。既得権利者を儲けさせるだけではないだろうか。

「農地」という言葉も一般には非常に特別な響きをもった言葉に聞こえてくる。それは農地にはいろいろな規制があり、ふつうの人の手が出せないようになっているからであり、それはそれなりに農家を守ってきたのだ。

しかし、農業も世界を相手にしなければならない時代にきて、今までの農地の概念では、もはや、たちうちできなくなっている。

長い間の農業の鎖国。その間に農家は「家」という枠組みに縛られて、時代を見る目を失い、若者の意見や主張や考えを受け入れる寛大さを失ってしまった。

農地があるがゆえに、家長が絶大なる権利をもち、新しさを嫌い、古きをよしとする考え方が根強く、そのために若者の意欲を失わせ、農業への情熱も失わせてしまったのである。そのうえ規制でがんじがらめにしているため、自由もきかなくなり、農家自身にとっても農業の魅力がなくなり、労働意欲がますます無くなっていったのである。

戦前の地主制の復活を恐れて、戦後は厳しい規制がつくられた。耕作者の権利を大幅に強化し、小作契約を取り消せないようにし、売買の規制をして農地を買えるのは農業を営む個人だけとするなど…。しかも所有地を3ヘクタールを限度として転用規制をも設けたのである。

これらの規制は1952年にできたもので、今の実情に合っていないように感じる。例えば、農業分野に新規加入しようとしても、農地は農民個人にしか買えなかったり、意欲をもった若者が共同で大規模経営をしようとしても、規制が障害となって実現出来ないといったことがあるからだ。

戦前の規制のきびしさが災いし、農家はより「家」に強く固守してしまった。

では、どうすればよいだろう。

「家」という従来の枠組みにとらわれず、農地を解放して、農業生産法人や、生産組織市町村農業公社などをつくり、意欲ある農家の若者や非農家の若者を幅ひろく受け入れてみたらどうか。

そして他産業と比較し、見劣りしない農業所得、ゆとりある労働条件をつくり、効率的、安定的な経営をして、職業として魅力の有るものにすべきである。そのためには農業経営を法人化することもひとつの選択肢だろう。

どちらにしても、農行政機関や農業関係団体との連携を強化して、開かれた農業にし、新たな地域社会をつくるという意識づくりが肝要だ。と同時に行政からの規制緩和が十分になされなければ、こういった構想も無意味になるのだ。

「資金」においても、今の農業では余裕のあるところなどほとんどなく、大半は農協に借金をしている状態だ。国の農業資金も本当に生産者のために使われているのか、疑問である。農家の人がよくいうが、国からでる農業設備資金のほとんどが、地元の土木会社へ流れるという。そして、

「農林省の予算を知ることはできるが、我々のところには何ひとつ恩恵はないし、あてにもしていない」

という。

それほど資金の流れが不透明であり、末端の農家には届いていないのが現状である。

たとえ借りたいと思っても、借入手続きが煩雑で、自分のケースがどの融資条件にあてはまるのか、農家の人ではわからない。

結局、わからないから農協に頼る。だが、国の融資は原則として無担保融資となっていても、農協はリスクを負いたくないので、担保を取るし、また農協自体に有利な制度しか教えてはくれない。

国の融資制度はどれも似たりよったりで、手続きは煩しく、それをクリアしたとしても、新しいことや今まで農協が扱ってこなかったシステムへの資金融資を申し込んでも、最終的にはやはり不可となってしまう。

そもそも国の融資に頼ろうとする人たちは、ほとんどが銀行や農協の融資の受けられない人たちばかりである。それなのにそういう人たちは国の融資もなかなか受けられない。意欲をもち誠意をもって取り組もうとしても、門前払いにあうのである。

ではどうすればよいのか。

国民の税金を使うのであるから、誰にでもわかるように、誰にでも利用しやすいようにすればよいのではないだろうか。ところがわかりやすくすると、官僚や役人の存在価値がうすれ、利権にからむ族議員の価値もなくなる。だから極力情報公開をしないで、農協に窓口をまかせ、農協を情報公開の場に使っているのである。

農業国際化という時代の変化の中で、日本の農協の古い体質が、農業の近代化を遅らせているのは明らかだ。農業の資金のほとんどは農協が窓口であるから、まず農協の古い体質を変えていかなければ、資金の問題は解決しない。しかし、国際化農業と農協の利益は相入れないのである。

日本の農業を一人前にするためには、片手間農業を保護したりせず、やる気のある専業農家を大事にしなければならない。そうすることにより、大規模生産による合理化効果によって農産物の価格が安くなり、農産物の輸入に対し、競争力をつけることができるのだ。ところが、農協にとっては合理化に追い込まれてしまうことになる。農民の数をもって成り立っている農協からすれば、死活問題であり、農民票をあてにしていた政治家も困ることになるのだ。

大規模化して自由に農家が商売すること、農産物が安くなること。これらは、すべて農協の利益とは相入れない。農協は農産物を販売してマージンを取っているため、そうなると販売の独占が崩れ、価格が安くなることで収入が減ってしまうのだ。

農家の人が納得できないことの一つは、米を農協に供出する際、必ず保管料を取られることだ。また減反の約束を守らないと、1俵につき5百円の罰金がとられ、さらに供出の買価が5百円も安くなることだ。農水省も市場原理を導入して、農産物の価格を安くしようとしているが、農協は強い政治力をもっているため、独占的に農産物や肥料、資材などの販売既得権を守ろうとしている。だが、こうしたことはもう時代遅れであり、これからは通用しないと悟るべきである。

農協を窓口にしている農家は不幸だ。1日も早く農協の体制を改革しないと、日本の農業の繁栄は望めないだろう。

私は、農業は動植物を対象とする「生命産業」であると考えている。今は動物と植物を扱う業種にしても、行政にしてもわかれているのだが、本来は1つになるべきものだ。1つになることで自然に循環し、生命産業として大きく伸びるのではないかと思う。

とにかく農業は生命を扱う業種であることは間違いない。それだけに、何度も言うようだが、それに携わる人間の心しだいでよくもなり、悪くもなることを肝に銘ずべきである。

過疎化する農村

過疎化の大きな原因は、ひとことでいって農業が儲からず、魅力がないからである。日本中どこへいっても、農業は儲からないと耳がいたくなるくらい聞かされる。実際に農家の収入をみると事実なのである。

しかし、消費者のほうも決して安い買い物をしているとは思っていない。むしろ高いとさえ感じているだろう。

生産者は儲からないといい、消費者は高いという。この現象を考えると、どうも流通に問題があるのではないかと考えざるをえない。しかし、たとえ流通業者が悪いとしても、もちろん生産者や消費者にも責任はある。それを黙認し許しているのは、他ならない生産者と消費者だからだ。

過疎化に悩む地域はすべて農業生産地であり、儲からない農業、魅力ない農業がおこなわれている。誰もがもう農業を続ける気にならないのは、あたりまえのことだろう。

若者は農業を嫌い都会へ出て、村に残るのは老人だけ。いずれその村は崩壊していく。農業以外の産業は大きく成長してきたのに、農業だけがなぜここまで衰退してしまったのか。

たしかに、儲からず、魅力がないかもしれない。だから農家自身にも責任はある。農業は自然が相手。収入が悪いといっては自然のせいにして、いつも逃げている。国民も安易にこれに同情して税金投入を容認している。だが、産業の大半は不況の波にさらされ、血のでるような努力をして生き抜きをはかり、場合によっては倒産してしまうこともある。ところが、不作であっても、不況であっても農家が倒産したり夜逃げしたという話を聞いたことがない。

自然の力には勝てないからといって、不作を自然のせいにするのは、考えてみればあまりにも身勝手すぎはしないか。自然は人間のためだけにあるのではなく、また農業のためだけにあるものでもない。

万物すべてのためにあるのだ。

今まで私が多くの農家の人と話をし、そのたびに感じたことは、儲けるために夜も寝ずに血の出る努力をしたとか、これからの農業について積極的な構想を考えたという人が少ないことだ。

比較的若い農家の人に、

「農業生産の喜びはなんですか」

とたずねると、ほとんどの人が、

「喜びがないことはないが、今のような状態ではとても喜べません。一生懸命に消費者のためにつくっても、努力してよいものをつくっても、結局認めてもらえない。本当はいいものをつくって消費者に喜ばれたいのです」

という。

彼らは努力してもよい物をつくったのだと主張する場がない。たとえつくって収穫しても、農協が各農家を集配して回れば区別がつかなくなってしまう。

彼らは独自で販売する方法を知らないし、個人の力では販売の開発もできない。ましてやする情熱もないのだ。

本来ならば、生産者として農業を事業ととらえて、一生懸命努力して自己の確立をしなければならなかったのだが、何ごとも人まかせ、人に頼ればよいという考えがあまりにも強かったのではないか。それは農政そのものが、長い間そうした習慣をつけさせたことにも、大きな責任があると思う。

今、日本の農業のありかたは、世界情勢からみても、明らかに反省しなければならない大転換期にきている。

競争のないところに発展はないといわれるが、農業がまさにそれである。強いていえば、隣より自分のところがよくできれば満足し、できなければ妬む。どうして隣はよくできたのか、その原因を謙虚に追求したりすることもない。自分のところがよくできれば、誰にもいわず秘密にしていい気分になっているのである。

ただ、すべての農家が無気力であるというわけではない。

なかには、将来を考え新しい農業に挑戦しようとする人も、いることはいる。だが、悲しいことに資金面で挫折するケースが非常に多い。

地域を発展させるために新しいことを試みようとするのだが、当然実績がないため、周囲の人も自己防衛のために反対したりする。

次に紹介する話は実際にあったことである。

農林水産省が環境保全型農業なるものを打ち出したことがあった。名称の通り、環境にやさしい農業をする農家を支援し、国が融資する制度である。この制度は町、村長が環境保全型農業をする農家に承認すれば、担保も保証人もなしで融資する制度となっていた。ところが実際に農家の人が申し込むと、農協を通せとか、担保があるかなどと条件をつけてくる。制度はあっても、従来通りの金融の建前論を主張してくるのだ。県の農政部も、農協を通して農協に審査させようとする。

まったくおかしな話である。環境保全型農業は慣行農法と違って、有機農業をしようとする農家を対象とした融資である。だが、農薬、化成肥料を販売して商売している農協に審査させるとはどういうことか。これではうまく機能するはずがない。県も市町村も、もっと農協の実態をつかんで指導しないかぎり、人心は離れていくばかりである。

秋田のある農家ではムクダイ農法でリンゴを栽培しているが、ムクダイをリンゴに散布する時、あたかも農薬を散布しているように見せかけるために、わざわざゴム服とマスクをして散布するという。村八分にならないためだそうだ。

ムクダイ農法を3年もやっていると、リンゴが他の農家とくらべ、よいできになってくる。が、自分のところだけよいものをつくることはあまり歓迎されない。みんなと同じものをつくり、同じ方法で同じところに出荷しなければ、皆は安心しないのである。

過疎化の原因の一つに、こうした目先のことにとらわれ、自分より人がよくなることを許さないという考えが根強く関係しているように思える。

「こんな田舎だと、よいことをするにも勇気がいるのです」

そういった秋田のリンゴ栽培農家の声が今でも耳にこびりついて離れない。

農村の過疎化を防ぐには、国民がわがこととして農業を考え、一体となって協力していく以外に道はない。いつまでも農村だけの問題にしていては、解決するどころかますます過疎化がひどくなり、ひいては国の衰退を引き起こすだけなのだ。

魅力ある農業、儲かる農業にすれば、過疎化は必ず防げる。

私は各地で農家の人と対話をすすめてきたが、儲かる農業、魅力ある農業にするには現状のままではほとんど悲観的であるといわざるをえない。とくに役人といわれる職業、官僚化された大手企業のお偉方には、極度に新しいことを嫌う傾向のようなものがある。

「実績がないのは……」

このひとことですべてが片づけられてしまう。新しいことは実績がないのがあたりまえのことであるのに、その技術自体を調査してみることすらしないで、最初から拒絶し続ける。これでは世界の農業変革から取り残されていくのは、必定である。国を思うより、自己の保身を優先する人間の悲しさを私はこれまでいやというほど味わってきた。

この世の中に人として生まれ生活しているのだから、それぞれの立場や思惑の違いがあるのは当然のことだ。正しいものが必ずしも正しいと評価されないし、よい品物であっても売れるということにはならない。しかし、ただ儲かればよい、どんな品物でもどんなことをしても売れればよいという時代は、もはや過ぎたのである。

私たちが活性ケイ素を応用した土壌活性剤（「ムクダイ」）を開発した時、これ以上の製品はないと確信していた。事実、世界で農薬や化学肥料を使わずに、収量と品質を落とさない農業ができる商品は、今のところない。黙っていても売れると思った。

しかし、現実はまったく違っていた。

農家にしてみればこれはあまりにもおいしい話であり、またださされるのではないかという不安をいだく。農協にしてみても、今まで農薬、化学肥料を売ってきた手前、いまさら土によくないから使わないほうがよいとはいえない。だから、売ろうとしないのだ。

公的機関も同様であり、農薬、化学肥料で農家を指導してきたので、ムクダイがよいという理屈はわかっていても、農家に積極的に進めることはできない。学者にしても、化学肥料を中心に研究してきているのだから、いまさら化学肥料のいらない農法が現われても困るだけだ。今までの研究自体を否定しなければならないため、ムクダイ農法を肯定しないのである。

新しいものを素直に認めるのは、非常に勇気のいることだ。自己を捨てなければ、できない。しかし、自我を捨て現実を直視しないかぎり、技術の進歩はないだろう。

冷戦が終わって日本でバブルが崩壊してからは、世の中が大きくかわりはじめた。農業の専門家があれ程拒絶したムクダイが、家庭菜園用の資材として生協で販売した途端、口コミであっという間に広がった事実などを見ていると、今までは誰も認めなかったものが、認められる世の中になったのだと思わざるをえない。食は、生命に関することだけに専門知識の少ない消費者のほうが本能的に真実を見ることができるのかもしれない。

事実、農業関係者は今だに農薬と化学肥料にこだわって、新しい事実から目をそむけて抵抗している。

一般大衆がこれほど事実を認めているのに、新しいということだけで業界は認めようとしない。このような日本の体質は、新しい技術を中小企業が開発しても成長できない要因となっており、古い物にこだわる腹の小さな人間たちの責任である。

新しいから、公的データがないからと、形式にとらわれすぎた役所仕事では、国の技術進歩は望むべくもない。また今の農業政策のように、みんなで渡れば怖くないという付和雷同的な風潮は、そろそろおわりにしなければならないと思う。

農業も、競争の原理を導入しなければならない時代になってきている。今までのような個人個人の競争ではなく、国と国との競争になってきた。

今こそ農家は自分のことだけを考えないで、大きな腹をもって一致団結する時である。それにはまず子々孫々語り継げる農業理念を持ってその理念を同じくする者同士が集団を形成し、新しい農業を展開する時代に変えていかなければならない。

私はこのことをつねづね痛感していたため、村おこしの方法を考えていた。平成元年にその構想がまとまり、声高にその構想を叫んで飛び回ったのだが、当時は賛同してくれても、誰も実行しようとする人はいなかった。

地域社会活性化の提言

平成元年の頃より、農業問題は市町村単位で考えなくてはならないと思い、町おこし、村おこしをよく見聞することにしたが、どれもなにかひとつ物足りない感じがした。それはなんであるかはわからなかったが、ある財団の依頼で村おこしの計画をつくった時のことだ。

自分の気がついたもてる限りのノウハウを使って計画をまとめたが、相手の財団は気にいらなかったようで、採用されなかった。

私自身の信念にもとづき村おこしをかんがえ、何百年、何千年も繁栄し続ける地域をめざして、世界に発信できるものでなくてはいけないと思い、プランを考えた。

やがてプランが出来、「テラマタ計画」と名づけた。テラとはラテン語で大地、マタは母のこと。つまり〝母なる大地〟としての地域活性化計画である。

計画書の書き出しを抜粋してみよう。

第4章

未来への提言

『私たちは生きているのではなく、生かされているのかもしれません。なぜなら、多様にからみあった自然の力が、ひとつでも失われると、生き物はこの地球上で生きていけなくなるからです。

自然は、まるで一個の巨大な生物のようです。その自然という生物のバランスが今、失われようとしています。大気汚染、人口増加、水質汚染、そして砂漠化と農産物汚染による大地の死…。世界中で大地が、食物が、大きな危険にさらされている今、私たちは大地の健康と大地の恵みである食物の安全を回復しなくてはなりません。地球にやさしい、命にやさしい農業と未来を担う子供たちへの自然教育を通じて、地域に豊かな暮らしをもたらし、活性化させる。それがテラマタ計画です』

以上の理念にもとづいて、地球活性化のプロジェクトをつくりたかったが、残念ながら計画倒れで終わった。理念を実行にうつす具体的な方法も提示し、私としてはこれで地域活性化ができると信じていた。今でもそうだ。理念の中身をここで具体的に紹介するので、1人でも多くの方に、ご賛同いただければと思う。

テラマタ計画

テラマタ計画の夢は

「21世紀の子供たちに美しくやさしい地球を残すこと

地球上に豊かな自然と安全な食物を取り戻し、21世紀の子供たちが健康に生きられる美しい地球をつくる。

そのために私たちはいったい何ができるだろうか？

自然に沿った歩み（有機自然農法）、

子供たちへの自然教育、

そして農業と他産業との和（農業と産業の提携）。

この3つが答えであり、テラマタ計画のバックボーンとなる3つの理念なのである。

第4章

未来への提言

1なぜ有機自然農法が必要なのだろうか？

農薬や化学肥料の大量投入に支えられている現在の農法では、農作物が人間の健康にとって非常に不安なだけでなく、耕作地そのものの生命力である生態系を破壊し、地球をますます悪化させるばかりである。

今、世界中の耕作地の地力が低下し続けている。この原因が農薬や化学肥料など化学物質の投入であることは誰の目にも明らかである。農業者が最もよく知っているし、耕作地が人間の健康にとって有害であることも熟知している。にもかかわらず多くの農業者が有機自然農法へと回帰することができないのは、経営上、大きなジレンマを抱えているからだ。

いったん農地の地力が落ちてしまうと、化学薬品に頼らないと収量が確保できず、採算が取れない。5～10年ほど農地を遊ばせ、その間に有機堆肥を施せば地力はもどってくるが、そんなに長期間、農地を遊ばせておくほど経営的に余裕がないのが現実である。そのため悪循環が生まれてしまう。

解決方法はただ一つ。農薬や化学肥料を使わず、収量を落とさない農法があればよい。果たしてそんな夢みたいな農法が存在するのか。

存在する。それは、昭和42年頃から各地で行われているムクダイ農法である。活性ケイ素を用いて、弱った土に本来のエネルギー（地力）を取りもどさせ、昔ながらの有機堆肥を使って作物を作る農法だ。

土にとって安全で必要なものだけを投入し、一度地力が回復すれば、今度は土が自然の力で作物を育てる。すると病気も少なくなり、収量も落ちないのである。

ムクダイ農法を使った数多くの栽培者がそれを証明してくれている。無農薬、無化学肥料で作物を作ることができ、農家の人々や消費者の健康が守られると同時に、大地を甦らせることができる一石三鳥の農法である。

今こそ、このムクダイ農法が必要なのではないだろうか。

2なぜ自然教育が大切なのか？

今日のような地球環境の危機を招いたのは、私たち人類の無知と身勝手さが原因である。自然と人間の関係、人間以外の生き物の働きなどに思いを寄せず、自然に対して心を閉ざしていたためである。

地球環境の危機を食い止めるには、人類全体が自然に対してより多くの知識を得、その、知識に裏づけられた新しい自然観をもたなくてはならない。

自然とは多種多様な生物と力の複雑な関係の上に成り立ち、1個の生命体であることに気づかなくてはならない。環境破壊をストップさせるためには、大きな世論となるような、意識変革がなにより必要である。

そのためにはまず、大自然について教える教育をスタートさせることが大切である。子供はミミズを怖がるが、それはミミズがどれだけ人類のために役立っているかを、誰も子供に教えないからである。

ミミズは地中で多くの重要な働きをしている、農地の水は気や通気性をよくするためにはなくてはならない存在である。そのことを子供たちが知ったら、彼らはもう恐れたりせず、大切にすることだろう。

さらに大地が、ミミズというちっぽけな生き物によって生命をあたえられていることも知るだろう。

地球にやさしい子、そんな子供たちを育てるには、理論や思想ではなく、実際に土とまじわり、動物と遊び、魚と戯れる自然教育が必要である。

雪深い土地や熱帯地での生活を実際に体験してみることも、子供たちの創造力を養うためには重要だろう。彼らは、植物の一生、動物の一生をその目でじかにみることができるし、農作物や肉が人間の口に入るまでにどのような困難や労働が介在しているかも知ることができる。自然の中で生き、生かされているものとして、自然とどう調和をしていかなければならないかを、実際の体験から、自分自身の体を通じて学ぶべきなのだ。

子供たちの目が、たえず地球の生き物にすべてに注がれるようになったその時こそ、時代は確実に変わっていくはずである。

私たちが、自然教育こそ21世紀の子供たちに最もふさわしいと考える理由は、ここにある。

それを可能にするのが、地方にいる人たちだ。地方から都市へ、国へ、世界に向かって発信することが必要なのである。

③なぜ、農家と企業の連携が可能なのか？

それは、大地の荒廃、産業としての農業の没落に、誰一人として無関係ではいられないからだ。世界の人口は急カーブを描いてふえ続け、西暦２０００年には、60億を越えると予想されている。しかも砂漠化の世界的な進行は、耕作可能な大地を人類から加速度的に奪い続けている。数十年以内に食糧危機が訪れるという予測は、決して誇張ではない。

現在日本では、食料が豊富で、危機に対する実感を人々はほとんど持っていない。しかし地球的視野でみると、食料危機が確実に迫り来るのは避けることはできない事実である。今から食料生産について真剣に取り組まなければ、私たちは悲惨な時代を未来の子供たちに与えることになるのだ。

私たちが今、日本でできることは、まず農村の過疎化現象を防ぎ、農業の解体を阻止することである。荒れ果てた耕作地の増加と、減少し続ける耕作面積にストップをかけるのだ。

また、過疎化の原因の一つに、若者の農業離れがある。農業が経済的に儲からない、農業に夢がないと考える若者たちが農業に見切りをつけ、農村を去っていく。

再び農村に若者が帰ってくるためには、農業を経済的にも魅力あるものに変えていく必要がある。と同時に、他国からの若い農業労働者の協力も仰ぐべきだ。

そのために、農業以外の産業との、広い提携や協力がぜひとも必要となってくる。言いかえれば、農業と大地を救うには、地球上の誰もが、もはや無関心でいることは許されないということだ。

企業は人間によって支えられている。その人間が大地から生まれる農作物に支えられている。だから、すべての経済活動の根本には農業があるといっても過言ではない。さらに企業は環境保護に対する責任や、それに要する資源や資金を分担する社会的義務をもっていなければならない。環境破壊を食い止めるために無農薬、無化学肥料を実施する農家に対し、企業がさまざまな協力をしていくことが重要だと考える。

さまざまな産業、企業をさまざまなかたちで農業と結びつけること。これが地球を救うために最も大切な一歩だと私たちは考えている。

以上の「有機自然農法」、「自然教育」、そして「企業との提携」。この3つの答えを実現するコアとなるのが、

〝テラマタ・コミュニティー〟なのである。

テラマタ・コミュニティーとは地方自治体とともに建設する、地球にやさしい〝ビレッジ〟のこと。

有機自然農法を採用した農業エリアを核に、さまざまな施設を展開し、地域の特性に対応して、療養地、芸術村、海浜と、さまざまなスタイルをとることが可能である。

ただひとつ共通するものは、それが明日の世界のモデルとなる、自然をなによりも大

切にする人々の共同体となることである。

そこから環境破壊をくい止めようというメッセージが発信され、海外ネットワークのラインを通じ、世界へと広がってゆく。と同時にテラマタ・コミュニティーは地域活性化のモデルともなり、都会に出ていった若者たちが再び戻りたくなるような魅力的なエリアがつくりだされていくことになるだろう。

テラマタ・コミュニティーの建設

具体的なテラマタ・コミュニティーのイメージは次のようになる。
◎テラマタ・プランテーション
ムクダイ農法を取り入れた農業エリア、それがテラマタ・プランテーションである。テラマタ・コミュニティーのコアになるのが、この無農薬、無化学肥料栽培の農作物を生産する農業者たちというわけだ。

ムクダイ農法を採用することによって、疲弊していた耕作地はその地力を回復し、農業者の人々の健康が守られ、出荷される農作物もエコロジカルな意識が芽生え始めてきた消費者のニーズに、合致していく。

私たちはこのムクダイ農法の地域への導入と、その後のパーフェクトなサポートをしていきたいと考える。

◎地域特性に合った建設プランニング

具体的には、テラマタ・プランテーションをコアに、〝地球にやさしい〟ことをコンセプトとしたさまざまな施設を建設する。どのような施設をつくるのかは、地域の特性を生かして基本コンセプトを策定し、それにしたがって町づくり、村づくりをおこなう。

例えば、海に面した地域であるなら、体にやさしい海浜リゾート地を、山間部であれば化学薬品を使わない薬草の栽培を、または芸術家たちの共同施設をつくり芸術家村にするなど。

どのコンセプトで建設するにしても、無農薬、無化学肥料によってつくられた農産物を素材としたレストランや、病院、療養施設、そして子供たちのための自然学校などを基幹設備として建設する。

私たちはそんな建設プランニングの作成と、施設運営のサポートをしていきたいと考える。

◎流通ルートの開拓と企業提携

テラマタ・コミュニティーで生産される農産物の流通ルートを協賛企業をもとに開拓する。

流通ルートは地方自治体の密接な協力のもとにおこない、テラマタ・コミュニティーの中に設けられるレストランや病院、自然学校をはじめとした各施設がアンテナ・ショップ、およびデモンストレーション・ショップとして役割を担ってくれることになる。

企業協賛の方法としては、無農薬、無化学肥料によって生産された農作物を出荷する際に、企業の協賛シールを貼り、各企業の宣伝媒体として利用してもらう。そのことによって、各企業はエコロジカルにその利益を還元しているということをアピールできるし、企業利益としてメリットがあると考える。

私たちは、この流通ルートの開拓と、企業協賛のあり方についても、協力していきたいと考える。

◎海外ネットワークの構想

私たちは、海外にもテラマタ・コミュニティーや、コミュニティーのミニ・エッセンスともいうべき施設を建設していこうと活動している。

低開発国、先進国を問わず、その国の特性にあったコミュニティーやテラマタ・プランテーションづくりを通じて、この大地を救い、21世紀に美しくやさしい地球を残すため、プロジェクトを世界規模のものにしていきたいと考える。

海外ばかりでなく、国内においても同様の企画を実施して、それぞれが提携し協力しながら、子供たちの自然教育に役立ちたいと願っているのである。

村おこしの一案

村おこしとは、本来何百年と続くものであり、それによって住民が豊かにならなければならない。一時的に栄えればよいというものではないのだ。農村地域であるなら、農業を中心とした村おこしでなければ、村民に利益がない。

企画にある有機自然農法とは、農薬、化学肥料を使わないムクダイ農法のことである。

第4章

未来への提言

あるホウレンソウの産地でのことだ。

ホウレンソウを植える前に土壌殺菌をし、その上に化学肥料、農薬を多く使ってきたため、連作障害が出始め困っていた。そこでムクダイ農法を試験してみることにした。

慣行農法との比較ということで、始めて25日ほど過ぎた頃に、ホウレンソウ部会の部会員が試験を確認しようと農家にやって来た。

ムクダイ農法のホウレンソウは、慣行農法のそれにくらべて誰が見ても貧弱だった。慣行農法のほうは葉は大きく青々として、逆にムクダイ農法のほうは葉も小さく色も薄かったのだ。

「これは肥料不足だから、尿素とリン酸をやらなければだめだ」

誰かがそういった。実際、化学肥料で育てている彼らの経験からすると、まったく肥料不足といえた。しかし、

「いやいや、これでいいのですよ。化学肥料はやらないでこのままにしておいてください」

と私はいった。それから、畑の持ち主に、ムクダイ農法と慣行農法の両方のホウレ

ンソウを抜くようにお願いした。

持ち主はいわれた通りホウレンソウを抜き、両方の根を比較してみることにした。彼は両方を見くらべて、私が肥料をやらないで、といった意味をやっと納得してくれた。ムクダイ農法の根は、慣行農法のそれにくらべて倍近く伸びており、また細根も多いのである。

ここで化学肥料を使われてはすべてが無駄になるので、私は大きな声で皆にわかるように、

「これだけ根がしっかりと伸びていれば、肥料をあげる必要はないですから、最初に私が説明した通りにしてください」

といって帰ってきた。

それから20日ほどたって、出荷前にまた部会が開かれ、実地検証をすることになった。畑にいくと、まるで様子が変わっていた。ムクダイ農法のホウレンソウが慣行農法にくらべはるかに大きく伸び、勢いよく天に向かっている。

部会の人の誰もが、よくできていると思った。口にださずともそう伝わってきた。昼食時間になり、私にひとこと挨拶をと勧められた。そこでムクダイ農法の試験結果

について説明してみた。

「このまえは肥料不足と思われていましたが、実際は違いました。土が育てるということは自然の力が育てることであり、まず土の中の根を十分に成長させて地上にある葉は光合成に必要な分だけ育ちます。私たちが葉の育成に力を注ぐと、根の力が半減します。早い時期に葉を大きくすると風や雨にやられたり、虫に食べられたりするだけなのです。自然はそんなムダなことはしません。強い風雨にあっても耐えられ、流されないように、根を大きく育てるのです。そして十分成長した根は時期がくれば、葉を大きくする。これが自然なのです」

事実、収穫1週間前頃から、葉は急にぐんぐんと伸びだし、誰も反論できない状態になった。

ところが、実際に栽培を経験した農家は理解したようであるが、その他の農家はまだ信じられないといった感じであった。自分もやってみたいという気持ちはあるが、万一採用して失敗したらという不安が強く、従来どおりやっていれば、とにかく間違いはないだろうという安心感で、踏み切れない人が多かった。

また、村おこしのネックは、若い労働力がないことだ。それは、前にもいった通り、儲からない、将来性がない、魅力がないからである。

この企画が実行されれば、儲かる農業が実現できると信じているが、実際に儲けてみないと若者は農村に帰ってこない。そこで、当初は外国の若者の力を借りて、初期の原動力にしたらどうか。

現に、三和町にある農業組合がムクダイ農法を実施する時、働き手が少ないために、中国・天津の天津市科学院土壌肥料研究所から、新しい農業の学習という名目で何名か来てもらった。この2年間の様子をみると、彼らは非常に真面目であり、住民と親睦が図られたようだ。時には町の依頼により、公民館でギョウザの講習などもして、村民に歓迎されたという。

こういったことも、結局は村の原動力となり、活性化につながるのだ。

本気で活性化させようとすれば、今までの常識にはとらわれず、ありとあらゆる知恵をだして実行に移さなければならないだろう。

自然からのお願い

人として生まれ、人間として生きていくためには、自然の恵みがないと生きられない。

自然に生かされている生き物が自然の力を知らずして、我が力だけで生きていこうとするところに、多くの間違いと不幸が生じるのである。自然を知るためには自然教育が必要であり、いかに自然の摂理を教えることが大切であるかを、知らなければならない。

今の子供がミミズの生態を知らないで、コンピュータを扱い、難しい計算ばかりしている姿をみると、何か妙に感じる。

人間が築き上げてきた英知を教えることは必要だが、生きる基本である自然と人間の関係を教えることを怠ってはいけない。

だが曲がったキュウリもまっすぐなキュウリも、同じ根からでき、同じ味がするにもかかわらず、曲がったほうは質が悪いと考える今の大人に、子供の教育はやはり無理なのかもしれない。

自然は、たえず形と色で人間に警告をしてきている。

今の農業はいわば〝皆殺しの農業〟であり、このまま続けていけば必ず自然は人間に罰を与えることになる。地球に存在する生き物すべてが、助け合って、調和をとっていかなければ、人類の繁栄は、もはやない。

人間の生きる原動力となるエネルギーは食であり、食は口から入ってくる。空気も、水も、食物も、口から入って命を維持してくれる。それらすべてが大自然の恵みであって、人間だけでつくっているのではない。

現在の地球の環境問題を解決し、平和な日本を築いて幸せな豊かな社会にするためにも、一人ひとりの自覚が今こそ必要であると自覚してほしい。人間がこの世に生きるには、自然の力、動植物との共存がなければ絶対に生きることはできないのである。お互いが助け合ってこそ生きられる。世の中のものすべてに感謝する。そのあたりまえのことが、世間の人々は気づかない。我が身かわいさで、その日その日を過ごしているだけだ。

植物はどれだけ人間の役に立ってくれているか。動物だってみんな人間のために生きているのだ。生あるものは、いずれ死ぬ。ならばどれだけ世のため人のために尽くしたか、その結果で人の大きさがわかり、子孫に徳を与えることができると、大自然が人間に訴えている。私はそんなふうに思うのである。

私が今まで農業を通して、いろいろな職業の人に会って話をしてきた。政治家がよくない、行政が悪い、農協もよくないと非難ばかりして、世の中のせいにしてあきらめていても、仕方がないことだ。今の日本人は己れさえよければ他人はどうでもよいという気持ちがはびこり、自己の立場を優先し過ぎている。そのために世の中が悪くなっている。

人の心一つで、これからの国や世の中は、よくもなり悪くもなる。今生きている者たち次第なのだ。

一人ひとりが真剣に世の中のため人のためにつくさなければ、この世も人も皆滅びてしまうだろう。力と時間がまだ残っているうちに、しっかりと立て直すべく、人間同士が力を合わせ助けあい、国づくり、世の中づくりに力いっぱい進まなければならない。

一人の力は弱くても、みんなが心をひとつにして進めば、やがて大きな力となる。いくら人間に優れた知恵があっても、物、金があっても、信仰心があっても、大自然には勝てないのだ。人間は宇宙の力を神、自然の働きを神の働きと悟り、万物に生かされていることを悟る。人が世の中に役立ってこそ、理想の社会が実現し、幸せな人生となっていくと、私は固く信じている。

大自然にいかされ、この母なる大地に立って生きることをしみじみと思う詩を、最後に記して筆を置こうと思う。

母なる大地に生まれ
根は親《しん》…しんを育てるのは根の力なり
根を生かすは自然なり　空気なり
空気をつくるは人間の心なり
親が子を育てるも心なり　親の心が子にうつる
親が本当の心になれば子供も本当の心になる
それが自然である
自然はすべてを育み恵みを与える
時代が変わろうと政治が変わろうと

第4章

未来への提言

自然の摂理は変わらない
自然を信じることから真実の愛が生まれる

むすびに

こうして自分で書きながら、いったい日本はこれからどうなるのだろうかと、しばしば考えさせられた。

はっきりいえることは国力が落ちれば、そこに住む国民の大半は不幸になるということだ。今はまだ金を出せば欲しいものは何でも手に入るし、表面的には平和で楽しい生活はしている。

しかしこれは人類の歴史からみると、単なる一時的な現象である。例えばコップの中の濁水が、時の経過によって汚れが沈澱し、上の水が澄んでいく。そんな現象にすぎない。何か刺激を与えると再び濁り水になり、澄んだ水を取り戻そうとするには、この汚れを取り除かなければ根本的な解決とはならないのだ。

この沈澱した汚れを取り除くことは困難であり、そのためには国家も国民も政治家も教育者も、一丸となってこころひとつにし、世のため人のために実行しなければならない。

政治も行政も、おそらく宗教もみな、国を思う心で進んできたに違いない。しかし今のような環境汚染も食糧危機になったからには、今までより一段進んで我々一人ひとりが誠の心になることが必要だ。政党の誠を生かし、宗教の誠を生かし、事業の誠を生かし……。全部の誠で国を思い実行することによって、はじめて真理に基づく日本の平和が完成し、個人の幸福と国家の繁栄が必然的に確立するものなのだ。

最近、世紀末などといってやたら宗教が流行っているが、宗教は群衆を利して悪をこらしめ、善をすすめることを究極の目的としなければならない。宇宙の真理は一つであり、真の神仏は一つであるべきだ。いたずらに偏狭な宗教神にとらわれ相争っている時ではなく、また神仏を拝むだけに終わる時でもない。

お互いに相提携し、人のために努力すべき時が来た。

この心で国民が一丸となり、ムクダイ農法を始めとする有機自然農法の実践によって日本の土をぜひとも救ってほしい。

私どもはこの土を救うために、政治家の方や広く各方面の有識者の方、そして全国民に訴え、その方たちのご理解とご協力によって、一日も速やかに実現することを願うばかりである。

なにごとも心から実行することで、誠の日本となり、諸外国の信用と尊敬を勝ち得ることができるだろう。輸出入の問題も食糧問題も人口問題も、自ら解決して、物心両面の安全充実が実現すると確信している。

日本の繁栄のために、なにとぞ絶大なるご支援とご協力を賜らんことを、切に望んでやまないのである。

この本では主に土の力を回復させる活性ケイ素を中心に進めたが、ケイ素のもつ可能性は土壌活性だけではなく、広範にわたっている。機会があったらそちらの方も著わしたいと思う。

一九九七年十月　著者

The Silicon Revolution

Published by Tachibana Shuppan, Inc.

Republished in cooperation with toExcel, a strategic unit
of Kaleidoscope Software, Inc.

For information address:
toExcel
165 West 95th Street, Suite B-N
New York, NY 10025
www.toExcel.com

ISBN: 1-58348-140-0

Library of Congress Catalog Card Number: 99-60379

Printed in the United States of America

0 9 8 7 6 5 4 3 2 1

www.ingramcontent.com/pod-product-compliance
Lightning Source LLC
Chambersburg PA
CBHW051047050326
40690CB00006B/624
9781583481400